以基本の作法，變幻出美麗の飾品。

初學35枚和風布花設計

什麼是和風布花？

　　所謂和風布花是屬於 本傳統工藝的一種。是以裁成正方形的布片摺疊後，沾取漿糊貼在底座上，作出花卉&鳥兒等模樣的作品。

　　從前的工匠所使用的是薄正絹材質的羽二重布料，但本書使用的是較容易取得與製作的正絹縮緬布、綸子，與木綿布料等。

　　和風布花源於江戶時代，大多用來作為髮插&髮簪等飾品。現今也用來製作藝妓佩戴的髮簪&結婚式、七五三及成人式的髮簪。

　　書中將介紹基本和風布花の製作方法，與如何將其應用於日常生活中的簡單飾品作法。

福清 *Fukusaya*

自 2009 年開始創作和風布花。

主要以赤城市集等手作市集為中心，時而配合活動舉辦手作體驗，並於神樂坂開辦教室。

以「和風布花不僅是和服の搭配配件」為精神，致力於創作出在日常生活中能夠更常使用的「洋裝也能搭配の和風布花飾品」。

(BLOG「気ままな日々」)
http://ameblo.jp/stingtail/
(Facebook)
https://www.facebook.com/
tsumami.fukusaya

材料何處買

つまみ堂（日本布花專門店）
http://tsumami-do.com/
橋本修治商店（一越縮棉布）
http://kinuasobi.net/
梨園染 戶田屋商店（手帕）
http://www.rienzome.co.jp/
貴和製作所（飾品配件&串珠）
http://kiwaseisakujo.jp/
PartsClub
http://www.partsclub.jp/（飾品配件&串珠）
FrostMoon Briller（琉璃珠）
http://frostmoonbriller.com/

• Contents •

收錄花朵一覽

小菊
劍形
▶P.12

風車菊
劍形
▶P.14

劍菊
劍形
▶P.16

小花
圓形
▶P.20

小花
圓形
▶P.22

八重梅
圓形
▶P.24

油菜花
圓形／劍形
▶P.27

四照花
圓形應用
▶P.28

蝴蝶
劍形／圓形
▶P.29

櫻花
圓形應用
▶P.31

六羽蝶
劍形／圓形
▶P.32

鬱金香
反摺圓形／劍形
▶P.34

繡球花
圓形／圓形應用
▶P.37

鐵線蓮
複層圓形應用
▶P.38

金魚
反摺圓形／劍形
▶P.39

向日葵
菱形
▶P.41

菖浦
菱形／劍形
▶P.42

雛菊
圓形應用
▶P.45

八重菊
劍形
▶P.46

楓葉
劍形
▶P.47

大理花
菱形
▶P.49

複層八重菊
劍形／複層劍形
▶P.50

梅花
複層圓形
▶P.53

彩球
圓形
▶P.54

山茶花
圓形
圓形應用
▶P.56

福梅
圓形／劍形
▶P.59

白鶴
圓形
複層圓形
劍形
▶P.60

山茶花
圓形
圓形應用
▶P.62

福梅
圓形
▶P.77

薔薇
圓形
▶P.66

玉薔薇
圓形／劍形
▶P.68

迷你薔薇
圓形
圓形應用
▶P.68

薔薇
圓形／圓形應用
▶P.69

玉薔薇
圓形／劍形
▶P.70

角薔薇
劍形
▶P.71

※關於書中標示的尺寸
作品的完成尺寸為基準尺寸，
依布料種類＆鋪排作法不同，
尺寸會不盡相同。

和風布花の前導指南

1 準備布料

將布料裁剪成正方形。依照作品不同，裁剪成不同的尺寸＆需要的片數。

2 捏布

將裁下的布料以鑷子捏布，摺出花瓣形狀。基本塑型大略分為「劍形」＆「圓形」。

3 放在漿糊板上

將捏好的花瓣（布料），排放在塗抹漿糊的板子（本書使用牛奶盒）上，放置30分鐘以上。使布料吸滿漿糊，不易變形。

4 準備底座

準備鋪排花瓣用的底座。底座種類依飾品不同而各有變化。

5 鋪排

將捏好的花瓣排在底座上，作出花朵形狀的作業稱作「鋪排」。

6 安裝裝飾＆配件

在鋪排好的花朵上加上串珠等裝飾＆配件，完成作品。

7 組合

將不同顏色＆種類的花朵們組合搭配，作出 1 件作品。

和風布花の必備工具

▶鑷子
製作和風布花最重要的道具。建議選擇前端尖細＆夾取處沒有防滑溝槽的鑷子。

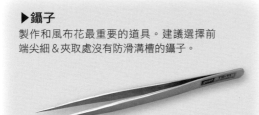

▶漿糊板＆刮刀
本書使用拆開的牛奶盒，代替和風布花專用漿糊板。刮刀則以烘焙用的抹刀取代應用。

和風布花專用の漿糊板＆刮刀

約3cm

約4.8cm

烘焙抹刀

牛奶盒紙板

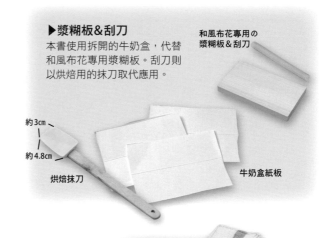

▶漿糊
文具店販賣的一般漿糊即可。將漿糊抹平在漿糊板上，製作和風布花時使用。

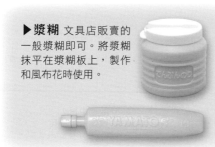

▶木工用白膠
製作底座＆黏貼花心的水鑽時使用。

▶毛巾
用來擦手＆鑷子。

▶切割墊
建議挑選有格子的切割墊。

▶裁布剪刀
剪布用

▶手工藝剪刀

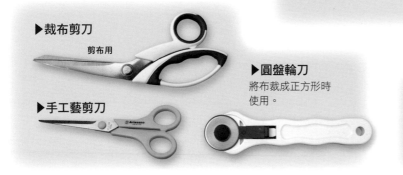

▶圓盤輪刀
將布裁成正方形時使用。

▶不銹鋼尺
裁布時使用。以塑膠尺裁切易留下傷痕，所以建議準備不繡鋼尺。

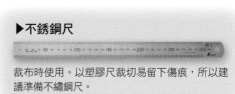

▶鉗具＆剪鉗
彎摺鐵絲或剪斷鐵絲時使用。
建議一次準備好尖嘴鉗、平口鉗、斜剪鉗。

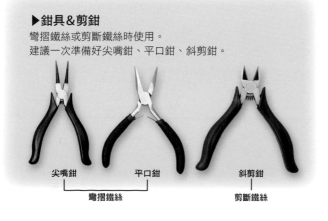

尖嘴鉗　　　平口鉗　　　　斜剪鉗

彎摺鐵絲　　　　　　剪斷鐵絲

▶花藝海綿
將捏好的布料鋪排在有柄台座上時，方便暫時插放製作中的作品。由於海綿的粉容易散落，建議先以保鮮膜包覆再行使用。

各式布料

本書使用了縮緬布、和服布料（綸子等）、羽二重、木綿（平紋棉布＆手帕），共四種布料。

縮緬布

正絹質地的縮緬布，特徵是手感佳、有皺紋（縐褶花樣）。

以縮緬布製作的花朵，帶有圓潤的特徵。本書作品的作法皆以縮緬布為示範說明。

羽二重

能夠作出薄且細緻的質感。

以羽二重製作的花朵，予人秀麗優雅的印象。

平紋棉布

薄且柔軟的木棉布料，近似羽二重的氛圍。

以平紋棉布製作的花朵，推薦在想展現時尚的色彩搭配＆花樣時使用。

和服布料

將正絹質地的舊和服拆開使用。

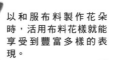

以和服布料製作花朵時，活用布料花樣就能享受到豐富多樣的表現。

手帕

使用木棉質地的手帕也OK！印染漂亮、有韌性、柔軟且堅固的布料，能創作出不同於正絹布料的氛圍。

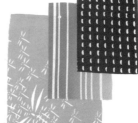

製作底座の工具

製作和風布花時，鋪排花瓣用的底座。以厚紙＆保麗龍球進行裁剪來作為台紙＆底座。底座可以直接使用，或搭配飾品配件。

錐子

將底座開孔＆捲繞鐵絲時使用。

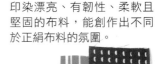

厚紙（紙板）

書中使用空衛生紙盒。

鐵絲

製作有柄台座時使用。使用市售的花藝鐵絲（白色#22・#24）。

繡線

組合髮簪時使用。也能捲繞在鐵絲上作出獨一無二的彩色鐵絲。

保麗龍球

可以直接使用，或以保麗龍切割器切半使用。

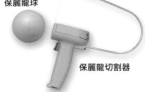

保麗龍球

保麗龍切割器

可於大賣場、五金行、手作材料店購買。

圓規

在厚紙上畫出需要大小的圓形。

金蔥繡線
（DMC Diamant：D415）

25號繡線

飾品五金

以和風布花製作的飾品，除了和服也很適合洋裝搭配。髮飾、胸針、和風小物……配合各種用途，準備齊全喜歡的配件吧！

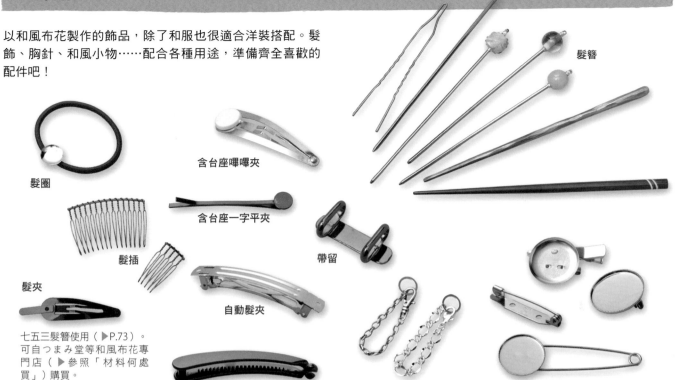

髮簪

髮圈

含台座嗶嗶夾

含台座一字平夾

髮插

帶留

髮夾

自動髮夾

包包配件

胸針＆別針

香蕉夾

七五三髮簪使用（▶P.73）。
可自つまみ堂等和風布花專門店（▶參照「材料何處買」）購買。

裝飾配件

將排好的花朵加上水鑽、珍珠、花蕊等，就會立刻更像真的花朵一般。再將布花與手邊現有的緞帶、蕾絲、流蘇等裝飾組合，飾品就變得華麗起來了！

> **針具・圈圈・裝飾物**
> 為和風布花裝飾上珠珠，或製作飾品時使用。

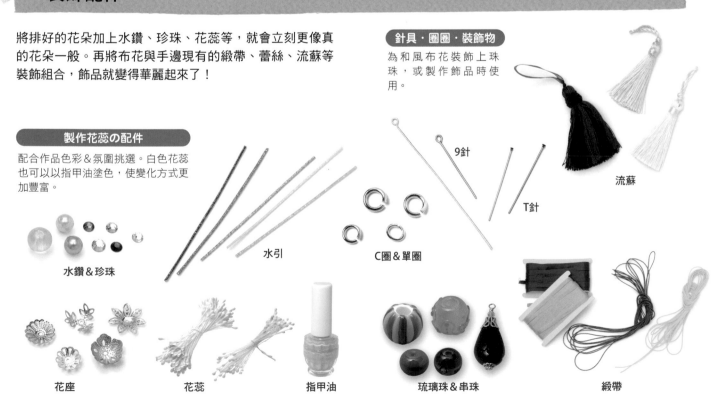

9針

T針

流蘇

> **製作花蕊の配件**
> 配合作品色彩＆氛圍挑選。白色花蕊也可以以指甲油塗色，使變化方式更加豐富。

水鑽＆珍珠

水引

C圈＆單圈

花座

花蕊

指甲油

琉璃珠＆串珠

緞帶

7

開始製作前の重點小教室

1 裁剪布料

1 備齊布料＆有格子的切割墊。

2 將布邊對齊切割墊格子擺放。

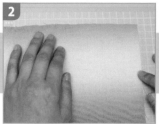

3 以不銹鋼尺壓緊布料，再以圓形輪刀裁下需要的布料寬度。

4 確認布料是否確實裁下，再將布料慢慢拿起。

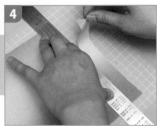

5 將裁下的布料橫放，再次對齊切割墊的格子。

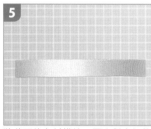

6 將布料裁成正方形（不是規整的正方形也沒關係），裁下需要的片數。

Memo

以熨斗熨燙

布料有皺痕時就以熨斗來熨燙吧！（※注意：熨燙羽二重時請在上面放置墊布熨燙。縮緬布則為避免縐褶花紋不見，所以不建議熨燙）。

2 準備漿糊板

1 將洗淨的乾燥牛奶空盒剪開備用（也可以使用市售的漿糊板）。

2 準備澱粉漿糊＆刮刀。

3 在牛奶盒左邊塗上澱粉漿糊。

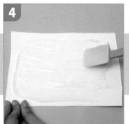

4 從左往右塗抹均勻。技巧是從左往右，上往下，往相同方向塗抹。

5 完成漿糊板。漿糊厚度約為2mm，漿糊塗抹範圍會依作品而有不同。

3 製作圓形台座

1 以圓規在厚紙板上畫圓，圓形大小依作品而不同。

2 以剪刀剪下圓形。

3 圓形台座完成！

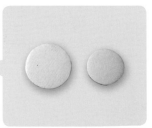

也可以使用市售圓形台座。可自つまみ堂等和風布花專門店（▶參照「材料何處買」）購買。

4 9針台座の作法 ◆◆◆ 製作耳環&墜飾時使用

1

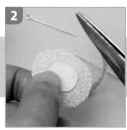
2

3

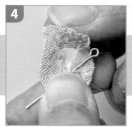
4

5

製作夾耳耳環&吊飾等，從後方能夠看見台座的作品時，應以布料將圓形台座完整包覆。

將布料剪成圓形，以便簡單包覆台座。

在台座上塗抹漿糊&將一半台座與布料貼合。

將9針放在台座正中央，再將布料完整貼合。

9針台座完成！

5 有柄台座の作法 ◆◆◆ 製作髮插&簪子時使用

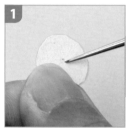
1

2

3 90度

4

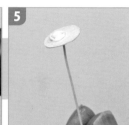
5

製作簪子等作品時使用的底座，在台座中心以錐子開孔。

利用尖嘴鉗將鐵絲前端彎圓。

以平口鉗將步驟❷作好的圓圈摺成90度。

圓形台座穿入鐵絲，在步驟❸作好的圓圈內側塗上適量白膠。

將鐵絲確實貼合圓形台座。

6 保麗龍球底座の作法 ◆◆◆ 製作胸針&簪子時使用

1

2

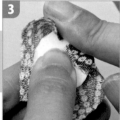
3

4

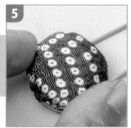
5

以保麗龍切割器將保麗龍球切成比對半再稍少一些。

整體塗滿白膠。

包上底座的布料。

將胸針台座等飾品五金塗上稍厚的白膠。

將步驟❸貼在飾品五金上。

7 將T針&9針穿過串珠

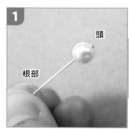
1 頭 / 根部

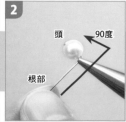
2 頭 / 90度 / 根部

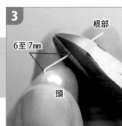
3 根部 / 6至7mm / 頭

4

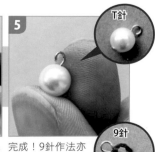
5 T針 / 9針

以T針穿過串珠孔。

以平口鉗將T針根部摺90度。

將根部留下6至7mm，以斜剪鉗剪斷。

以尖嘴鉗夾住T針根部尾端，依圖所示一口氣彎圓。

完成！9針作法亦同。（▶P.15）

9

基本形‧1

劍形

1
小菊耳夾 A
＆耳鉤 B
▶P.12

在耳際可愛搖曳的小巧花朵。以各種顏色作出變化也不錯呢！

2
風車菊髮簪 A‧B‧C
▶P.14

行走時花朵會隨之搖晃的髮簪。隨性的簪子樣式，也相當適合搭配牛仔褲等日常裝扮。

3
劍菊帶留 A‧B‧C
▶P.16

可作為和服的裝扮重點。非常適合重點點綴，是相當具有存在感的帶留。可以配合和服、半襟、帶揚的顏色花樣作出美麗的搭配。

「劍形」の作法

和風布花的基本作法分為尖銳的「劍形」＆圓潤的「圓形」兩種。此單元先從對於初學者來說也能簡單塑型的「劍形」開始介紹。劍形多應用於菊花、蝴蝶、鶴等造型。示範作品雖然使用縮緬布製作，但請以自己喜愛的布料來作作看吧！

如拿鉛筆一般，自下方握持鑷子。正確地使用工具，也是製作出美麗作品的技巧之一。直至熟練為止，多努力一下吧！

1 捏出劍形

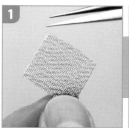

1 準備好裁剪成正方形的布片（▶P.8）。

2 以鑷子對合布片的兩個對角線。

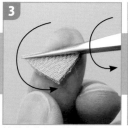

3 轉動拿著鑷子的右手，往裡側摺疊。

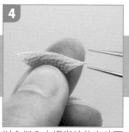

4 以食指＆大拇指按住布片下方，拔出鑷子。

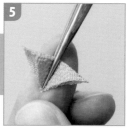

5 如圖所示，再以鑷子夾住布片。

6 以步驟2＆3的要領，再次對半摺疊。

7 摺疊完成後，以大拇指壓住布料。

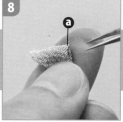

8 拔出鑷子，以手按住布片。注意保持摺角（a）的位置。

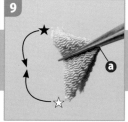

9 再以鑷子夾布，將圖示中的★與☆處對合＆對摺。

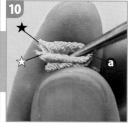

10 摺疊完成。以食指＆大拇指夾住對摺。

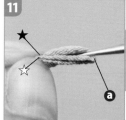

11 確實壓合★與☆處，以鑷子前端夾住摺角（a）。

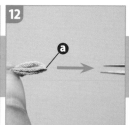

12 依箭頭方向順勢用力拉拔出鑷子。

13 以鑷子夾住花瓣下方，就作出了如菊花花瓣的劍形。

14 從其他角度看步驟13的成品。

15 以鑷子夾著布片，使布料下端稍微沾取漿糊板上的漿糊（▶p.8）。

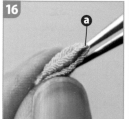

16 布片下端沾滿漿糊後，輕輕調整出花瓣的形狀。

17 將花瓣排列在漿糊板上，並確實將花瓣埋入漿糊中。

18 作出需要數量的劍形花瓣，排列在漿糊板上至少三十分鐘。

小菊耳夾

*1*A

以劍形技巧來作作看小巧可愛的8瓣小菊耳夾吧！由於花瓣片數少，不需花太多時間鋪排，是非常適合第一次接觸和風布花的初心者的題材。新手或者在小巧布料的塑型上會稍微困難，但只要慢慢地仔細摺就能克服。

1 準備底座

首先，製作耳夾的底座。
將P.11完成的劍形花瓣排列在作好的底座上。

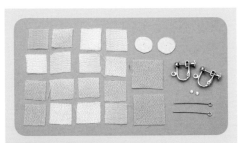

● *1*Aの材料（1組）
〈布料〉縮緬布
　　（花）1.5cm四方形×16片
　　（底座）2cm四方形×2片
〈底座〉圓形台座（直徑1cm的厚紙）2片
〈花心〉水鑽（直徑2.5cm）2顆
〈裝飾・五金類〉
　　9針（1.6cm）2根・耳夾五金
【完成尺寸】直徑約1.8cm（花朵部分）

以圓規在厚紙上畫出兩個直徑1cm大小的圓。

以剪刀剪下當作台座。

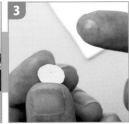

在剪下的台座一面上塗抹漿糊。

將塗有漿糊的台座貼在底座布上。

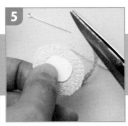

將布片剪成圓形，以便包覆台座。

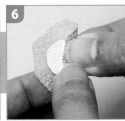

台座背面也塗上漿糊，以布片包覆一半台座。

包貼時將9針放在台座正中央，再將布片完整包覆。

底座完成。再作一個相同的底座。

P.10 *1*

小菊耳鉤

*1*B

● *1*Bの材料（1組）
〈布料〉羽二重
　　布料尺寸＆片數與 *1*A相同
〈底座〉〈花心〉與 *1*A相同
〈裝飾・五金類〉9針（16cm）2根・耳鉤五金
【完成尺寸】與 *1*A相同

2 鋪排 --

準備好底座之後，取放在漿糊板上的花瓣，一片片進行鋪排。

將作好的16片劍形花瓣放在漿糊板上30分鐘以上（▶P.11）。

以鑷子將花瓣一片片夾起，沾上漿糊後鋪排。
（圖中標示「漿糊」）

排上第1片。

排上第2片。製作此款花形時，花瓣若為偶數，應採對角鋪排（參照下圖順序）。

第4片鋪排完成。

排完8片後，以鑷子調整花瓣形狀＆位置。

花瓣鋪排完成！漿糊乾掉後就看不出來了，所以就算漿糊稍有溢出也不用在意。

偶數片花瓣の鋪排順序

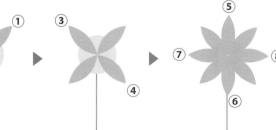

3 加上裝飾＆耳環五金・完成作品 --

最後只要再加上裝飾＆耳環五金就完成了！
可自由更換不同配件，除了耳夾之外，使用耳鉤也能輕鬆完成。

以鑷子夾住水鑽，在背面塗上白膠。

貼在花朵中央，等待乾燥。

以斜剪鉗剪去9針多餘部分（凸出花瓣處）。

準備一組耳夾五金。

以平口鉗扳開9針圓圈處。

 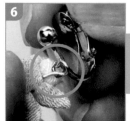   

將9針的圓圈處穿過耳夾五金開口。

以平口鉗閉合9針的圓圈處。

完成！

從背面看去，可以看到底座的模樣。

也可以按喜好以耳鉤五金製作。

風車菊髮簪

2A

雖然是簡單的款式，但只要裝飾上不同的流琉璃珠＆串珠，就能為花朵的色澤營造出不一樣的氛圍。從牛仔褲到和服裝扮，試著搭配各種場合使用吧！與手邊既有的髮飾搭配在一起，應用的範圍就更寬廣了！

1 準備底座

首先，從簪子的底座開始製作。
再在作好的底座上，排列上16片劍形花瓣。

準備底座布片＆直徑1.6cm的圓形台座，以白膠貼合。

將9針放在正中央，以白膠貼合。（▶P.12「準備底座」5至7）

底座完成。

● *2* Aの材料（1件）
〈布料〉縮緬布
　（花）1.5cm四方形×8片
　　　　2cm四方形×8片
　（底座）2.5cm四方形×1片
〈底座〉圓形台座（直徑1.6cm的厚紙）1片
〈花心〉水鑽（直徑4.8cm）1顆
〈裝飾・五金類〉
　單柄髮簪（前端開孔的款式）・琉璃珠
　串珠（直徑5mm）1顆・C圈（4mm）1個
　鋁線（#30）適量・9針（2cm）2根
【完成尺寸】直徑約3.5cm（花朵部分）

2 鋪排

準備好底座之後，夾取放在漿糊板上的花瓣，一片片進行鋪排。

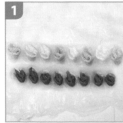

製作16片劍形花瓣，放在漿糊板上30分鐘以上備用。（▶P.11）

作法同P.13「鋪排」，依序鋪排8片1.5cm大小的花瓣。上圖為排上第6片花瓣的模樣。

排上8片花瓣後，以鑷子調整花朵形狀＆位置。

在步驟3的花瓣間，排進2cm大小的花瓣。鋪排時不要留下空隙。

將第二片2cm花瓣，排在前一片的對角處。

6

4片2cm花瓣鋪排完成。

7

排完8片之後,以鑷子調整花瓣形狀。

Hint

如果覺得手持底座的9針難以進行鋪排,也可以將它放在透明夾等不易黏住、容易拆下的東西上,進行作業。

---

3 加上裝飾&簪子五金・完成作品 -

最後裝上裝飾&組合五金就完成了!由於是以鉗子&斜剪鉗進行的精細作業,熟練後就能相當輕鬆地完成。

1

將水鑽沾以白膠,貼在花朵中心。

2

花朵完成。

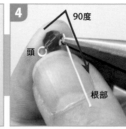

3

頭　根部

製作連接花朵&簪子五金的珠珠裝飾。將串珠穿過9針。

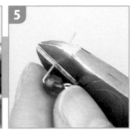

4

90度　頭　根部

以平口鉗將9針根部摺彎90度。

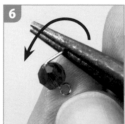

5

9針留下距離根部6至7mm的長度,以斜剪鉗剪斷多餘的根部。

6

以尖嘴鉗夾住9針尾端,一口氣彎成圓形。

7

★　☆

裝飾串珠完成。

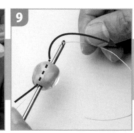

8

以尖嘴鉗將步驟**7**的☆&花朵的9針鉤在一起。

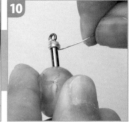

9

以單柄髮簪穿過琉璃珠開口&依圖所示穿入鋁線。

10

以鋁線在前端捲繞數圈。

11

單柄髮簪柄塗上白膠,將琉璃珠固定在髮簪前端。

12

同步驟**10**,琉璃珠下方也以鋁線捲繞,再以斜剪鉗剪去多餘部分。

13

以C圈將髮簪前端&步驟**7**的★鉤在一起,以尖嘴鉗閉合。

2B

2C

P.10・2

風車菊髮簪

● 2B・2Cの材料(各1件)
　〈布料〉2B和服布料・2C手帕
　　　布料尺寸&片數與2A相同
　〈底座〉〈花心〉〈裝飾・五金類〉與2A相同
　【完成尺寸】與2A相同

劍菊帶留

*3*A

華麗の菊花帶留。明亮色調的款式可以搭配浴衣使用，時髦的色彩則適合和服配用。配合使用場合，以不同顏色＆布料來作作看吧！若在花心處貼上裝飾配件，整體氣圍就會大不相同，請一定要試試。

① 準備底座

首先，製作帶留的底座。準備2片底座用的圓形台座，再在作好的底座上，排上24片劍形花瓣。

在帶留配件正中央塗上白膠。

將直徑2cm的圓形台座（ⓐ）貼在帶留配件的正中央。

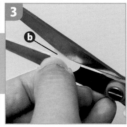

以剪刀將另一片直徑2cm的圓形台座（ⓑ），剪開一刀至圓心處。

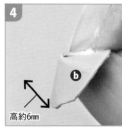

高約6mm

在沾有漿糊處塗上白膠，貼合切口作出圓錐形。

在步驟②貼上的台座（ⓐ）正中央，塗抹白膠貼上台座（ⓑ）。

底座完成。

● **3A的材料（1件）**
〈布料〉縐緬布
　（花）1.5cm四方形×16片・2cm四方形×8片
〈底座〉圓形台座（直徑2cm的厚紙）2片
〈花心〉水鑽（直徑4.8mm）1顆
〈裝飾・五金類〉帶留五金（7mm×3cm）
【完成尺寸】直徑約3.7cm（花朵部分）

原寸紙型

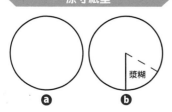

漿糊

ⓐ　　　ⓑ

從帶留背面看去的模樣。

準備好底座之後，夾取放在漿糊板上的花瓣，一片片進行鋪排。

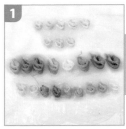

1 取花瓣布片，製作24片劍形花瓣（大·8片／小·16片）。從1.5cm大小的花瓣開始鋪排。

2 以鑷子將花瓣一片片夾起，重新沾上漿糊後鋪排。

3 將花瓣輕放在圓錐形台座上鋪排。

4 「鋪排」作法同p.13，依序鋪排8片花瓣。 第1段

5 鋪排完第1段花瓣之後，在花瓣間排第2段花瓣（2cm大小花瓣），共8片。 第2段

6 第2段花瓣也依對角線輕放在圓錐形台座上。

7 鋪排時，花瓣間不要留下空隙。第2段8片花瓣鋪排完成。

8 在第2段花瓣間，再排上第3段花瓣（1.5cm大小花瓣），共8片。 第3段

9 全部花瓣鋪排完成。

10 從不同角度進行確認，調整花瓣高度、位置與形狀吧！

3 加上裝試·完成作品

最後只要加上裝飾就完成了！隨著貼在花心的裝飾種類不同，
會產生不同的風貌，請大膽嘗試看看吧！

1 將水鑽沾上白膠。

2 貼在花朵中央。

3 完成！

P.10·*3*

劍菊帶留

● *3*B·*3*Cの材料（各1件）
〈布料〉3B平紋棉布·3C和服布料
　　　　布料尺寸&片數與3A共通
〈底座〉〈花心〉〈裝飾·五金類〉與3A共通
【完成尺寸】與3A相同

3B

3C

圓形

4
小花髮夾
A・B・C・D
▶P.20

想要稍微以色彩作為重點裝飾時,以色彩搭配玩耍的飾品。

5
小花吊飾 A・B・C
▶P.22

優雅搖曳的三連串花朵吊飾。以自己喜歡的色彩來搭配,作出充滿自我風格的吊飾或許很不錯呢!

6
八重梅墜飾
A・B・C
▶P.24

不會太大也不會過小,雖然是和風花樣,卻是適合配戴於罩衫領圍處的可愛墜飾。

「圓形」の作法

和風布花另一個基本形是「圓形」的捏法。要能作出可愛的圓形,比起劍形來說或許有些困難,但卻是使用在櫻花、梅花、油菜花、繡球花、鐵線花與玫瑰的花瓣等,各種花朵的基本塑型作法,請一定要學會喔!

1 捏出圓形

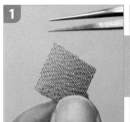

1 準備正方形布片(▶P.8)。

2 以鑷子對合布片的兩個對角線。

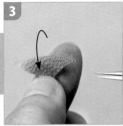

3 往前摺,以食指&大拇指壓住布片下端。

4 再次以鑷子夾住布片正中央。

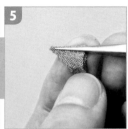

5 沿著夾線再次對半下摺。

6 拔掉鑷子,以手按住布片。注意保持摺角(ⓐ)的位置。

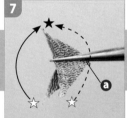

7 再次夾住正中央,將☆各自往箭頭方向摺,和★對合。

8 對合步驟**7**的☆&★的模樣。

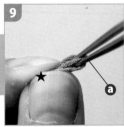

9 以食指&大拇指壓住★處。

10 拔掉鑷子,完成上圖形狀。

11 以鑷子夾住摺角(ⓐ)。

12 將鑷子依箭頭方向反轉,立起鑷子。

13 作成有圓弧的立體形狀。

14 在圖中所示位置,再次以鑷子夾取。

15 將布片下端沾上少許漿糊板上的漿糊。

16 將布片下端塗滿漿糊,調整形狀作出花瓣狀。

17 放在漿糊板上。

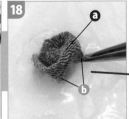

18 以鑷子將下方的角(ⓑ)打開,完成!

19 捏出需要片數的圓形花瓣,排列在漿糊板上至少三十分鐘。

小花髮夾

4A

如同大拇指指甲大小般的小巧花朵髮夾。
以此作為圓形的入門篇，試著挑戰看看吧！
以不同的色彩＆布料製作兩個，一起搭配使用也很可愛呢！
或者嘗試製作成稍大的花朵，作為花朵墜飾（P.24）也相當漂亮。

1 準備底座

首先，製作髮夾底座。
再在作好的底座上鋪排6片圓形花瓣。

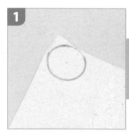

1
在厚紙上以圓規畫1個直徑1.2cm的圓。

2
以剪刀剪下圓形當作台座。

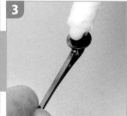

3
在含台座平夾的台座上塗抹白膠。

4
貼合台座＆平夾。

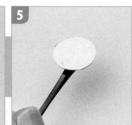

5
底座完成。

● **4A的材料（1件）**
〈布料〉縮縐布（花）1.5cm四方形×6片
〈底座〉圓形台座（直徑1.2cm的厚紙）1片
〈花心〉水鑽（直徑3mm）1顆
〈裝飾·五金類〉含台座一字平夾（4cm）
【完成尺寸】直徑約1.7cm（花朵部分）

2 鋪排

準備好底座之後，夾取放在漿糊板上的花瓣，一片片進行鋪排。

1
製作6片圓形花瓣，放在漿糊板上30分鐘以上備用（▶P.19）。

2
以鑷子將花瓣一片片夾起，重新沾上漿糊後鋪排。

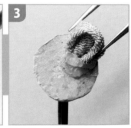

3
排上第1片。

4 排上第2片的模樣。製作此款花形時，花瓣若為偶數，應採對角鋪排（參照下圖順序）。

5 排上4片花瓣的模樣。

6 排完6片花瓣的模樣。

7 如果花瓣下方兩端（☆＆★）貼在一起時，稍微分開一些。

8 將花瓣高度＆位置調整成一致。

9 從側旁看去的模樣。

10 從背面可以看到底座。

偶數片花瓣的鋪排順序

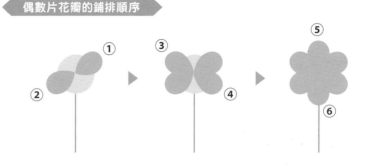

3 加上裝飾・完成作品

最後，貼上裝飾配件就完成了！如果想製作稍大尺寸的髮夾，
也可以依P.24・*6A*的墜飾花朵來製作。

1 將水鑽沾上白膠。

2 貼在花朵正中央，完成！

3 以墜飾花朵（▶P.24・*6A*）試著作成髮夾。

P.18・*4*

小花髮夾

● *4*B・*4*C・*4*Dの材料（各1件）
〈布料〉*4*B和服布料・*4*C羽二重・*4*D平紋棉布
布料尺寸＆片數與*4*A相同
〈底座〉〈花心〉〈裝飾・五金類〉與*4*A相同
【完成尺寸】與*4*A相同

*4*B

*4*C

*4*D

小花吊飾

5A

接連三朵小花,有明顯存在感的吊飾。和風布花的優點在於既輕又不容易刮傷手機＆包包等物品。以布料顏色作出變化,或是加上串珠＆流蘇來點綴都相當漂亮。

① 準備底座

首先,從吊飾的底座開始製作。準備3片底座用的圓形台座,
再在作好的底座上排列15片圓形花瓣。

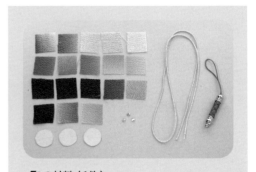

● **5Aの材料(1件)**
〈布料〉縮緬布
　　(花)1.5cm四方形×15片
　　(底座)2cm四方形×3片
〈底座〉圓形台座(直徑1.4cm的厚紙)3片
〈花心〉水鑽(直徑3mm)3顆
〈裝飾、五金類〉
　吊飾繩
　繩子(中國結繩・細)約20cm
【完成尺寸】約7.5cm(不包含吊飾繩)

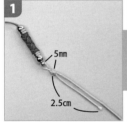

將中國結繩穿過吊飾配件開口,依圖示位置打結。

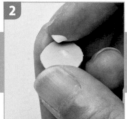

將直徑1.4cm的台座塗上白膠。

在底座布片上黏貼台座。

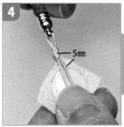

底座塗上白膠,貼在距離打結處5mm的位置。

為了容易以布料包覆底座,在繩子通過的位置剪牙口後再進行包覆。

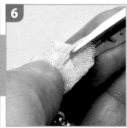

相反側也同樣剪牙口後包覆底座。

短邊的繩頭超出底座時,剪去多出的線段(○)。

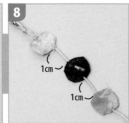

其他兩個作法亦同,並以1cm的間隔接連在中國結繩上。

以剪刀剪去多餘的繩子。

底座完成。

2 鋪排

準備好底座之後，夾取放在漿糊板上的花瓣，一片片進行鋪排。

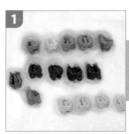

1 準備花瓣用布片，製作15片圓形花瓣，放在漿糊板上30分鐘以上備用。

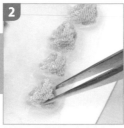

2 以鑷子將花瓣一片片夾起，重新沾上漿糊後鋪排。

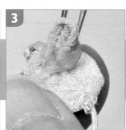

3 從粉紅色花瓣開始鋪排。

4 將5片花瓣大略依照圓形的5等分配置，以順時針來鋪排花瓣。

5 排好5片花瓣後，依整體平衡調整花瓣位置＆高度形狀。

6 花瓣整理好的模樣。

7 接著，以相同作法鋪排紫色小花。

8 最後，以相同作法鋪排藍色小花。

9 3朵小花鋪排完成。

10 從背面看去的模樣。

3 加上裝飾・完成作品

最後，加上裝飾配件就完成了！
吊飾配件請依自己的喜好挑選。

1 將3顆水鑽都沾上白膠。

2 在3朵小花正中央各貼上水鑽。

3 完成！

P.18・5
小花吊飾

●5B・5Cの材料（各1件）
〈布料〉5B羽二重
　　　　5C羽二重・縮緬布・平紋棉布
　　　布料尺寸＆片數與5A相同
〈底座〉〈花心〉〈裝飾・五金類〉與5A相同
【完成尺寸】與5A相同

5B

5C

羽二重

縮緬布

平紋棉布

23

八重梅墜飾

6A

和風布花的必備花樣之一，
梅花樣式的墜飾。
花朵也可以單獨使用，
或利用底座多餘的鐵絲垂掛串珠也相當時髦。

 準備底座 -----

首先，從墜飾的底座開始製作。
再在作好的底座上排列10片圓形花瓣。

準備底座布片，與直徑1.5
cm的圓形台座貼合。

將9針放在正中央，以白膠
貼合。（ ▶P.12「準備底
座」**5**至**7**）

底座完成。

● **6A的材料（1件）**
〈布〉縮緬布
　（花）2cm四方形×5片・1.5cm四方形×5片
　（底座）2.5cm四方形×1片
〈底座〉圓形台座（直徑1.5cm的厚紙）1片
　　　　9針(2cm)1根
〈花心〉水鑽（直徑3.8mm）1顆
〈裝飾・五金類〉墜頭
【完成尺寸】直徑約2.2cm（花朵部分）

鋪排 -----

準備好底座之後，夾取放在漿糊板上的花瓣，一片片進行鋪排。

以花瓣布片，製作10片圓形花瓣
（大・5片／小・5片），放在漿
糊板上30分鐘以上備用。

以鑷子將花瓣一片片夾起，重新沾
上漿糊後鋪排。

從2cm大小的深紫色花朵開始鋪
排。

將5片花瓣大略依照圓形的5等分配
置。

排完5片花瓣的模樣。

以鑷子調整花瓣的位置、高度與形狀等的平衡。

接著鋪排1.5cm淺紫色花瓣。如要跨過2片深紫色花瓣般，放在花瓣上方。

以鑷子撐開上方段的花瓣後側，使花瓣的兩側位於下方相鄰的花瓣上。

確實按壓花瓣兩端，與下方花瓣正中央貼合。

其餘花瓣作法亦同，重複鋪排5片。

調整形狀，鋪排完成！

上方段就算只排3片花瓣也很可愛，請以喜好自由製作。

3 加上裝飾＆墜頭五金・完成作品

最後，加上裝飾＆墜頭五金就完成了！
請搭配花朵，自由挑選喜愛的鍊條款式。

將水鑽沾上白膠。

貼在花朵正中央。

以斜剪鉗剪去花朵下方多餘的9針。

打開墜頭，鉤上9針的圓圈。

完成！

P.18・6

八重梅墜飾

6B

6C

● 6B・6Cの材料（各1件）
〈布料〉6B羽二重
　　　　6C平紋棉布
　　　布料尺寸＆片數與6A相同
〈底座〉〈花心〉〈裝飾・五金類〉與6A相同
【完成尺寸】與6A相同

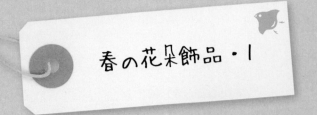

以色彩鮮豔の春天為主題。
創作出以四片花瓣製作的油菜花&四照花。
就連被花朵吸引而來的蝴蝶也能以四片花瓣作出來。
一次製作許多,
作成加在髮飾&胸花上的飾品也很推薦喔!

7
油菜花U形髮簪
▶P.27

8
四照花A・B
▶P.28

10
蝴蝶髮圈
▶P.29

9
四照花
C・D・E・F
▶P.28

油菜花U型髮簪

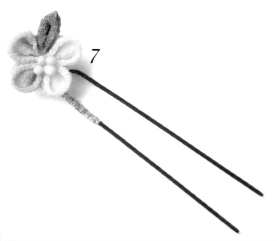

7

● 7の材料（1件）

〈布料〉縮緬布
　（花）1.5cm四方形×4片→圓形（▶P.19）
　（葉片）1.5cm四方形×1片→ 劍形（▶P.11）
〈底座〉
　圓形台座（直徑1cm的厚紙）
　鐵絲（#24）9cm×1條
　金蔥繡線（DMC Diamant：D415）
〈花心〉花蕊適量・指甲油
〈裝飾・五金類〉U形髮簪
【完成尺寸】寬約1.8cm（花朵部分）

1 準備底座

約3mm

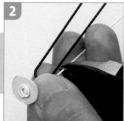

製作有柄台座（▶P.9），並彎摺鐵絲用來靠放U形髮簪。

確實預留固定U形髮簪的長度（約1cm），剪去多餘鐵絲。

在U形髮簪＆鐵絲相接面塗上白膠。

將U形髮簪＆鐵絲以繡線捲繞固定。

U形髮簪用的底座完成。

2 鋪排

以對角鋪排圓形（▶P.19）作法的花瓣。

大概分成4等分配置，並在葉片鋪排處預留稍寬一些的空隙。

插入劍形（▶P.11）作法的葉片，依整體感微調形狀。

一次製作3至4個插在髮際上，就更像是油菜花了！

3 加上裝飾配件・完成作品

將花蕊以指甲油上色。

指甲油乾燥後，以剪刀將花蕊的頭部剪下。

將花蕊尾端沾上白膠。

一邊留意整體平衡，一邊將花蕊埋入花朵正中央。

完成！

四照花

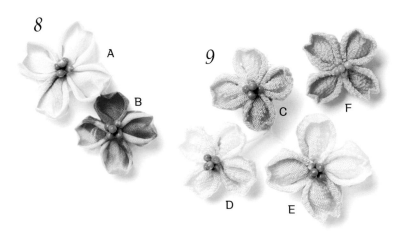

8

A

B

9

C

F

D

E

● *8* · *9* の材料（各1件）
〈布料〉
A · B 和服布料／C · D · E · F 縮緬布
（花瓣A · E） 2.5cm四方形×4片
（花瓣B · C · D · F） 2cm四方形×4片
〈底座〉
A · E 圓形台座（直徑1.4cm的厚紙）1片
B · C · D · F 圓形台座
　　　　　　　（直徑1.2cm的厚紙）1片
鐵絲（#24）9cm×1條
〈花心〉花蕊適量 · 指甲油
【完成尺寸】
A · E 直徑約2.5cm
B · C · D · F 直徑約2cm

1 捏花 ◆◆◆ 圓形應用 ◆◆◆ 剪布端

1 漿糊塗抹位置

依基本圓形步驟**1**至**12**
（▶P.19）捏花，並在花
瓣內側弧度的正中央，塗
上少許漿糊。

2

以鑷子前端將漿糊塗抹在
預定的位置處。

3

將鑷子前端放在大略正中
央處。

4

以鑷子將布往下摺，並以
大拇指 & **食指**壓住。

5

確實夾住步驟**4**作的兩
角，往自己的方向拉拔。

6

將鑷子擦拭乾淨，依圖所
示重新夾住花瓣。

7

將鑷子盡可能夾住花瓣上
端，依圖示點線剪開。

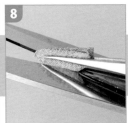

8

以剪刀將步驟**7**的點線
部分剪開（此為「剪布
端」）▶P.29）。

9

放在漿糊板上。

10

在漿糊板上將花瓣撐開，
作出鼓起的花瓣。以相同
作法完成剩下3片，放在漿
糊板上。

2 鋪排 ▶▶▶ 加上裝飾配件 · 完成作品

1

製作有柄台座（▶P.9）&
鋪排花瓣。

2

以對角排放2片花瓣。

3

排上4片花瓣之後，以鑷子
調整形狀。

4

剪下以指甲油上色的花蕊
（▶P.27）&沾上白膠。

5

一邊留意整體感，一邊將
花蕊插入花朵中心就完成
了！

蝴蝶髮圈

● **10の材料（1件）**

〈布料〉縮緬布
　（上面の翅膀）2cm四方形×2片→劍形（▶P.11）
　（下面の翅膀）1.5cm四方形×2片→圓形（▶P.19）
〈底座〉厚紙（直徑1.2cm）1片
〈裝飾・五金類〉
　含台座髮圈（台座：直徑1.5cm）
　觸鬚：鐵絲（#24）5cm×1條
　25號繡線（紫色）2股
　【完成尺寸】約1.8×2.2cm（蝴蝶部分）

10

1 　準備底座 ▶▶▶ 鋪排

  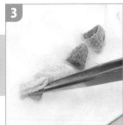  

1 在附台座髮圈的台座上塗抹白膠。

2 將剪得比台座小一點的厚紙貼在底座上。

3 各以劍形＆圓形作法各製作兩片翅膀，放在漿糊板上30分鐘以上備用。

4 將上面的翅膀對稱排列。

5 鋪排下面的翅膀＆調整整體形狀。翅膀角度不同會有不同氛圍，請找出自己喜歡的角度吧！

2 　加上裝飾配件・完成作品

  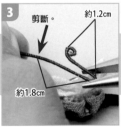  

1 以繡線捲繞鐵絲（▶P.33）作為觸鬚，再以尖嘴鉗將鐵絲前端彎圓。

2 捲繞的分量依個人喜好決定，作得大一點也很可愛哩！

3 剪斷。　約1.2cm　約1.8cm
一邊注意蝴蝶的整體平衡，一邊以平口鉗彎摺約1.2cm長，在距離彎摺約1.8cm處剪斷鐵絲。

4 另一邊的觸鬚也以尖嘴鉗彎圓。

5 觸鬚完成之後，以白膠貼合。

剪布端

Hint

裁剪捏花布片的下端稱為「剪布端」。運用剪布端來變換布片高度，作品的印象也會隨之一變。

春の花朵飾品・2

有著溫柔氛圍の春天感創作。
沉穩的鬱金香、櫻花、六羽蝶，
似乎相當適合使用在成人式的飾品上。

花簇胸針
▶P.31

11

12

13

六羽蝶髮簪
A・B
▶P.32

鬱金香胸花
▶P.34

花簇胸針

11

從其他角度欣賞

● **11の材料（1件）**
〈布料〉縮緬布
　　（櫻花）2.5cm四方形×5片→四照花（▶P.28）
　　（紫色小花）2cm四方形×5片→圓形（▶P.19）
　　（粉紅色小花）1.5cm四方形×5片→圓形（▶P.19）
　　（葉片）2cm四方形×6片→劍形（▶P.11）
　　（底座）5cm四方形×1片
〈花心〉花蕊適量・水鑽（紫色小花・直徑3mm／
　　　　粉紅色小花・直徑2.5mm）各1顆
〈底座〉將保麗龍球（直徑3.5cm）
　　　　切成比一半再少6mm（配合配件大小）
〈裝飾・五金類〉2way鴨嘴夾（直徑2.5cm）
【完成尺寸】約4.5×5cm

1 準備底座

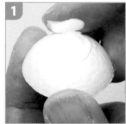

將保麗龍球切成比一半再少6mm（▶P.9），以手指沾白膠塗滿。

確實黏貼＆覆蓋底座布片。

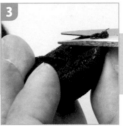

以剪刀剪去多餘的布邊，僅中心位置留下些許布片。

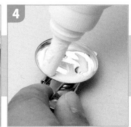

在鴨嘴夾台座內側塗上多一點白膠。

確實按壓，使配件＆底座黏貼一起。

2 鋪排 ▶▶▶ 加上裝飾配件・完成作品

櫻花的作法與四照花（▶P.28）相同，但不剪布端（▶P.29）。

從櫻花開始鋪排，決定底座邊上花瓣外側位置。

粉紅色小花
櫻花
紫色小花
葉片
底座

參考上圖，決定大概的位置之後，再來作鋪排吧！

5片櫻花花瓣鋪排完成，調整形狀。

接著鋪排紫色小花。因為將在底座上方放置全部花瓣，請以良好的比例配置花朵。

鋪上粉紅色小花之後，放上葉片。鋪排葉片的同時，也將底座遮起來。

整體的平衡感相當重要，若有需要也可以再增加葉片片數。

在紫色小花中心貼上水鑽。換成珍珠，則能營造出沉靜的氛圍。

剪下花蕊作為櫻花的花心。若部分剪得長一些，更能作出更逼真的質感。

以花蕊沾取白膠插入花朵中心，並注意整體平衡。

六羽蝶髮簪

12 A

● *12*Aの材料（1件）

〈布料〉縮緬布
　（上段翅膀）2.5cm四方形×2片→劍形（▶P.11）
　（中段翅膀）2cm四方形×2片→劍形（▶P.11）
　（下段翅膀）2cm四方形×2片→圓形（▶P.19）
　（底座）2.5cm四方形×1片
〈底座〉圓形台座（直徑1.5cm的厚紙）1片
〈裝飾・五金類〉
　觸鬚：鐵絲（#24）15cm×1條
　金蔥繡線（DMC Diamant：D415）
　流蘇・單柄髮簪（前端開孔款式）・琉璃珠
【完成尺寸】約2.3cm（六羽蝶）

1 準備底座

   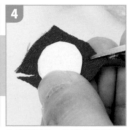

將琉璃珠固定在髮簪上（▶P.15），使流蘇的緞帶穿過髮簪孔洞。

將流蘇穿過緞帶圈。

將流蘇固定在髮簪上。

在直徑1.5cm台座上黏貼底座布片，並在緞帶黏貼處剪牙口。

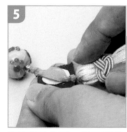  

決定黏貼位置，以白膠將台座&緞帶黏貼在一起。

以底座布片夾住緞帶，塗上白膠確實黏接。

底座準備完成。

2 鋪排

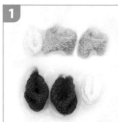  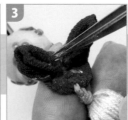  

將捏花完成的布片放在漿糊板上30分鐘以上備用。

充分塗上漿糊，以劍形布片（▶P.11）鋪排上段翅膀。

排上2片翅膀後，以鑷子調整&決定翅膀的開闔程度。

以劍形布片鋪排中段的2片翅膀。

以圓形布片（▶P.19）排列下段翅膀，並微調整體平衡&形狀。

1 製作觸鬚。以尖嘴鉗摺彎捲繞繡線的鐵絲。

2 配合蝴蝶尺寸決定觸鬚長度，反側作法亦同。（▶P.29）

3 整理形狀。

約1.7cm

4 沾取白膠黏貼固定，蝴蝶完成。

12 C

12 B

● *12* B・*12* Cの材料（各1件）

〈布料〉*12*B和服布料・*12*C平紋棉布
　　　　布料尺寸＆片數與*12*A相同
〈底座〉與*12*A相同
〈裝飾・五金類〉
　　*12*B的觸鬚：與*12*A相同
　　*12*C的觸鬚：鐵絲（#24）15cm×1條
　　　　　　　　25號繡線（紫色）2股
　　　　　　　　流蘇・單柄髮簪（前端開孔款式）・琉璃珠
【完成尺寸】與*12*A相同

📎 *Hint*

可以使用市售的捲線鐵絲，也可以自己以繡線捲繞鐵絲。
搭配作品的氛圍，來作作看屬於自己的彩色鐵絲吧！

1 以鐵絲前端沾取白膠。

2 將鐵絲補沾白膠，不要留下空隙以繡線緊密捲繞。

3 捲繞完成之後再塗上白膠，不要使捲線鐵絲鬆脫。

4 剪去多餘繡線，完成！

自己動手作捲線鐵絲

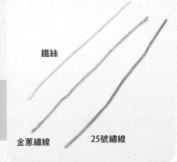

鐵絲

金蔥繡線　　25號繡線

作出自己喜歡顏色的彩色鐵絲。25號繡線是以6股繡線碾成，一次取2股使用即可。（※稱為「取2股線」）

鬱金香胸花

13

● *13*の材料（1件）
〈布料〉縮緬布
　（花）3.5cm四方形×5片×2枝＝合計10片
　（葉片）4cm四方形×1片×2枝＝合計2片
〈底座〉
　（花朵）鐵絲（#24）（6cm／9cm)各1根
　（葉片）鐵絲（#24）（10cm)2根
〈裝飾‧五金類〉胸花別針‧25號繡線（綠色）2股
【完成尺寸】約5×10cm

1 準備底座

1

對半摺疊衛生紙＆剪下約2cm寬度大小。（大小不需非常準確亦可）

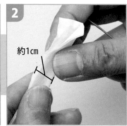

2

約1cm

接著再對合長邊對半摺，並備妥以綠色繡線捲繞的鐵絲（▶P.33）。

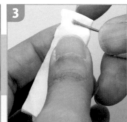

3

將鐵絲沾取白膠，與步驟**2**的衛生紙捲繞在一起。

4

捲繞的同時補上不足的白膠，確實纏緊。

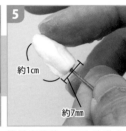

5

約1cm
約7mm

捲繞至最後，再次沾黏白膠加強固定＆整理形狀，底座完成。

2

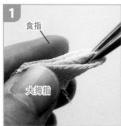

1

食指
大拇指

以基本圓形步驟**1**至**9**作法摺布（▶P.19）。

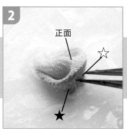

2

正面
☆
★

將完成的花瓣放在漿糊板上，等30分鐘以上備用。

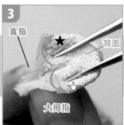

3

食指
★
背面
☆
大拇指

將花瓣翻到背面，以鑷子撐開兩端（☆＆★）。

4

食指
背面
★
☆
大拇指

將一端（★）往內側摺疊，對向的另一端（☆）摺法亦同。

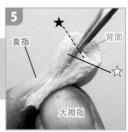

5

★
食指
背面
☆
大拇指

以鑷子重新夾住布片，讓★＆☆重疊貼合在一起。

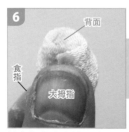

6

背面
食指
大拇指

以大拇指確實按壓連接位置。

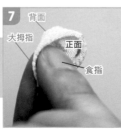

7

背面
大拇指
正面
食指

按壓著布片翻轉手腕，將食指朝向前方。

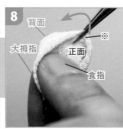

8

背面
大拇指
正面
食指
※

以鑷子夾住※的周圍，以大姆指為軸心，依箭頭方向反摺布片。

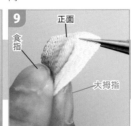

9

正面
食指
大拇指

反摺的模樣。

10

正面
食指
大拇指

作出花苞形狀。

以基本劍形步驟❶至❸作法摺布（▶P.11）。

以左手拿起鑷子，依圖所示反夾布片。

在一半的位置剪布端（▶P.29）。

放在漿糊板上調整形狀。

放在漿糊板上30分鐘以上，等待備用。

4 → 鋪排

底座確實塗滿漿糊之後，貼上花瓣。

在花瓣邊緣塗抹漿糊，貼合第2片花瓣。

以鑷子調整形狀＆確認連接狀況。

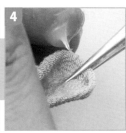

將其餘花瓣邊緣也塗上漿糊。

一邊注意比例，一邊將3枚花瓣排在花心周圍，完成！

約5mm

以平口鉗在距離鐵絲前端約5mm處夾住。

依圖所示摺彎鐵絲，作出放置葉片的支架。

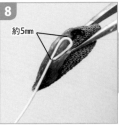

約5mm

將葉片塗上白膠，與鐵絲黏貼在一起。

葉片完成。其餘2片葉片作法亦同。

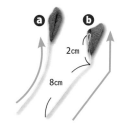

2cm

8cm

第1片（ⓐ），以手摺出輕微的弧度；另1片（ⓑ），則在葉片上方約2cm處作出摺彎。

5 → 組合

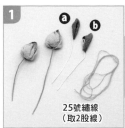

25號繡線（取2股線）

將備妥的配件組合在一起。

將兩枝鬱金香花梗塗上白膠，捲繞繡線2至3次固定。

接著，決定ⓑ的葉片位置。

沾上白膠之後，捲繞繡線2至3次固定。

決定ⓐ的位置之後塗上白膠，以繡線捲繞固定。

繡線捲繞完成的模樣。準備胸針五金備用。

在胸針五金上塗抹一層薄薄的白膠。

決定放置花朵位置之後，以繡線捲繞胸針固定。

確實固定後，以白膠塗抹線段黏貼在主體上，再剪去多餘線材。

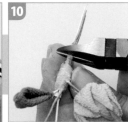

剪去下方多餘鐵絲，完成！

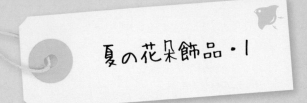

夏の花朵飾品・1

每到鐵線花＆繡球花開始綻放之際，
就想到又到了梅雨季了啊！
將大朵的花兒縮小，作為涼爽夏季的風物詩，
或試著讓金魚徜泳於水晶盤中吧！

14
繡球花別針A・B
▶P.37

15
鐵線花A・B・C
▶P.38

16
金魚帶留A・B・C
▶P.39

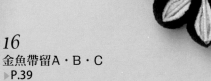

繡球花別針

14

A

B

● *14*の材料（各1件）

〈布料〉A縮緬布・B和服布料
　（花）1.25cm四方形×33片→圓形（▶P.19）
　（葉子）2cm四方形×1至2片→圓形（▶P.19）
　（底座）5cm四方形×1片
〈花心〉水鑽（直徑2.5mm）4顆
　　　　珍珠（直徑3mm）適量
〈底座〉將保麗龍球（直徑3.5cm）
　　　　切成比一半再少6mm（配合配件大小）
〈裝飾・五金類〉別針五金（直徑2.5cm）
【完成尺寸】寬約4cm（花朵部分）

---

1 捏花 ◆◆◆ 圓形應用（繡球花葉片）

1 以基本圓形步驟❶至⓬摺布，放在漿糊板上，等30分鐘以上備用（▶P.19）。

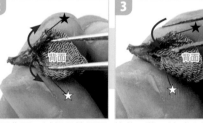

2 翻至背面，以鑷子撐開兩端（☆&★）。

3 接著，將一端（★）往內側摺疊，對向的另一端（☆）摺法亦同。

4 以鑷子調整，將★和☆相接在一起。

5 翻回正面，完成！

---

2 準備底座 ▶▶▶ 鋪排 ▶▶▶ 加上裝飾配件・完成作品

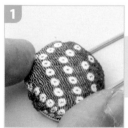

1 製作別針底座（▶P.9）。

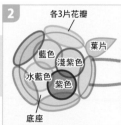

2 參考上圖決定大概位置之後，再開始鋪排吧！

各3片花瓣
葉片
藍色
淺紫色
水藍色
紫色
底座

3 沿著五金邊緣，一次排3片花瓣。

4 以步驟❸要領將12片花瓣排繞一圈，並預留鋪排葉片的空間。
在空隙間插入葉片。
各3片

5 排列一朵四瓣花。

6 在旁邊排上淺紫色花朵。

7 再排上深紫色&水藍色花朵。

8 將其餘花瓣一片片鋪滿&埋入底座的空隙間。

9 在步驟❹空隙處，再鋪排1片葉片。
葉

10 將花心貼上水鑽，並考慮整體平衡在小空隙間黏貼珍珠。

鐵線花

15

A

C

B

● *15*的材料（各1件）

〈布料〉A・B縮緬布／C和服布料
　（花瓣外側A・B）（紫色）3cm四方形×6片
　（花瓣內側A・B）（白色・淺紫色）2.5cm四方形×6片
　（花瓣外側C）（紅紫色・淺紫色）
　　3cm四方形×6片×2朵＝合計12片
　（花瓣內側C）（白色）2.5cm四方形×6片×2朵＝合計12片
　（葉片C）2.5cm四方形×2片→繡球花葉片（▶P.37）

〈底座〉
　A・B圓形台座（直徑2.6cm的厚紙）1片
　C圓形台座（直徑2.6cm的厚紙）2片・鐵絲（#24）30cm×1條

〈花心〉花蕊適量・指甲油
　A・B：水引1.4cm×6條
　C：鐵絲（#24）10cm×1條
　　金蔥繡線（DMC Diamant：D415）適量→藤蔓（▶P.67）

【完成尺寸】A・B直徑約3.8cm／C約6×8cm

---

1 捏花 ◆◆◆ 複層圓形應用 ◆◆◆ 剪布端

1 將紫色＆白色布片各自對半摺疊，將白色布片疊放在紫色布片上（同▶P.53「梅花香蕉夾」步驟**1**至**5**）。

2 翻至背面，依圖所示以鑷子夾住布片正中央。

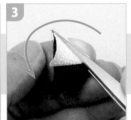

3 將布片往裡側對半摺疊。

4 再依圖所示，以鑷子夾住布片正中央。

5 以圓形步驟**7**至**12**（▶P.19）的要領摺布。

沾抹漿糊的位置

6 在白色布片內側、白色＆紫色布片間的花瓣弧度正中央，沾上少許漿糊。

7 以鑷子前端夾住弧度中心，往外側拉拔。

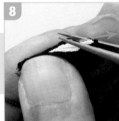

8 以鑷子夾住弧度中心，用力拉拔使前端作出尖形。

9 從距離下方1/3處剪布端（▶P.28）。

10 沾抹漿糊後調整形狀，放在漿糊板上。其餘5片作法亦同。

---

2 鋪排 ▶▶▶ 加上裝飾配件・完成作品

1 放在漿糊板上30分鐘以上。

2 在底座上鋪排6片花瓣（▶P.20）。

3 將剪短的水引以白膠貼在花瓣正中央。

4 將花蕊貼在花心處，完成！

> **Memo**
> C的葉片作法與繡球花葉片（▶P.37）相同，藤蔓則請參見玫瑰藤蔓（▶P.67）作法。

金魚帶留

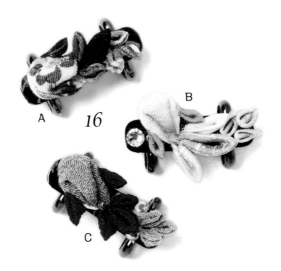

A　*16*　B

C

● *16*の材料（各1件）
〈布料〉**C**縮緬布／**A・B**和服布料
　（金魚頭）2cm四方形×1片→圓形（▶P.19）
　（金魚鰭）1cm四方形×4片→劍形（▶P.11）
　（金魚尾鰭中段）1.5cm四方形×1片→劍形（▶P.11）
　（水草）1cm四方形×3片→**A・C**劍形／**B**圓形（▶P.19）
〈底座〉以1片厚紙分別剪出金魚頭＆尾鰭形狀來使用。
〈裝飾・五金類〉
　帶留五金（7mm×3cm）
　水鑽（**A**無・**B**直徑3.8mm×1顆・**C**直徑3mm×2顆）
【完成尺寸】約1.5×3cm

原寸紙型

---

1 準備底座 ▶▶▶ 鋪排 ▶▶▶ 加上裝飾配件・完成作品

1
頭部用
尾鰭用

參考原寸紙型，裁剪頭部＆尾鰭台座。

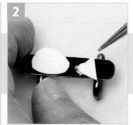

2
以白膠將台座黏貼在帶留上。

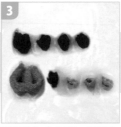

3
以圓形作金魚頭，劍形作水草＆魚鰭。完成後放在漿糊板上30分鐘以上。

4
金魚頭以鬱金香花瓣（▶P.34）要領回摺製作。

5
將金魚頭塗上白膠，貼合時要注意不要使漿糊溢出台座。

6
從正中央的的尾鰭開始鋪排。

7
鋪排左右側的尾鰭，調整出最貼合自己印象的金魚形狀。

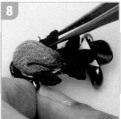

8
鋪排胸鰭。

9
鋪排綠色水草。

10
鋪排完成。

11
以水鑽沾取白膠＆黏貼。

12
貼上喜歡的數量，完成！

Hint

決定台座位置

步驟 **2** 時，如果無法立刻找出黏貼台座的位置，建議先貼上頭用台座，等到步驟 **5** 鋪排上金魚頭後，再以整體感覺來黏貼尾鰭用台座。

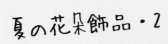

夏の花朵飾品・2

初夏の菖浦&盛夏の向日葵，
兩者皆是朝向天空凜然直立的の花朵。
以「菱形」作出花瓣吧！

17
向日葵胸針
A・B・C
▶P.41

18
菖蒲髮簪
A・B
▶P.42

向日葵胸針

17

A
B
C

● 17の材料（各1件）
〈布料〉B縮緬布／A・C手帕
（花A・B）2.5cm四方形×16片
（花C）3cm四方形×16片
〈向日葵種子〉
串珠（直徑3mm）A・B各7顆／C 13顆
銅線（#28）適量
〈底座〉圓形台座（A・B直徑2.2cm／C直徑3.8）1片
〈裝飾・五金類〉2way鴨嘴夾（直徑2.5cm）
【完成尺寸】A・B直徑約4.5cm／C直徑約5cm

1 捏花 ◆◆◆ 菱形（劍形應用）

1
摺法同基本的劍形步驟 **1** 至 **9**（▶P.11）。

2
捏住花瓣前端，以鑷子尖端夾住拉拔。

3
以鑷子夾住，確實於花瓣前端作出尖形。

4
如圖所示以鑷子夾住布片。

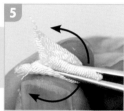
5
以基本的圓形步驟 **7** 至 **8**（▶P.19）要領回摺。

6
抽出鑷子之後的形狀。

7
以鑷子確實夾住布片下端，整理出沾取漿糊的形狀。

8
放在漿糊板上30分鐘以上。其餘15片作法亦同。

2 準備底座 ▶▶▶ 鋪排 ▶▶▶ 加上裝飾配件・完成作品

1
備妥2way鴨嘴夾、台座、布片。

2
以布片包覆台座，將配件塗抹白膠＆貼上台座。

3
從外側花瓣開始，以對角鋪排8片花瓣（▶P.13）。

4
在外側花瓣的雙瓣間，鋪排8片內側花瓣。

5
從背面看去的模樣。

6
以鐵絲穿過7顆串珠，製作向日葵種子。

7
繞成圈狀，最後將鐵絲扭轉固定。

8
以斜剪鉗剪去多餘鐵絲。

9
在花朵中心塗抹白膠，貼上步驟 **8** 完成的種子。

Memo

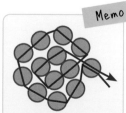

C的種子：以鐵絲穿過13顆串珠，並如圖所示捲繞。

菖蒲髮簪

*18*A

● *18* Aの材料（1件）
〈布料〉縮緬布
　（花）4cm四方形×3片×2朵＝合計6片
　　　　2cm四方形×3片×2朵＝合計6片→菱形（▶P.41）
　（葉片）4cm四方形×2片→鬱金香葉子（▶P.35）
〈底座〉
　　圓形台座（直徑1.3cm的厚紙）2片・鐵絲（#24）9cm×4條
〈裝飾・五金類〉
　　單柄髮簪・金蔥繡線（DMC Diamant：D415）
【完成尺寸】約5×8cm（花朵部分）

 鋪排

1
以菱形作法製作花瓣（▶P.41），
放在漿糊板上30分鐘以上。

2
在有柄台座（▶P.9）上鋪排4cm的
花瓣。

3
將花瓣確實放在底座的台座上，
並調整作出往下垂墜的形狀。

4
將花瓣放在台座的1/3處，排上第
2片花瓣。

5
作法同第1片，調整出往下垂墜的
形狀。

6
以相同要領鋪排第3片花瓣。

7
接著鋪排上層的2cm花瓣。

8
儘可能鋪排成朝上立起一般，就
能作出漂亮的花形。

9
上層的第2片花瓣作法亦同。調整
位置將花瓣排放在下層的4cm花瓣
間。

10
上層的第3片花瓣作法亦同，完成
菖蒲花朵。以相同要領共製作2
朵。

11
葉片作法同鬱金香葉片（▶
P.35），共製作2根葉片。

1

備妥單柄髮簪、金蔥繡線、2朵菖蒲花、2片葉片。

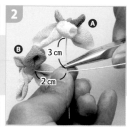

2

參考圖示決定兩朵花的位置，將Ⓐ的鐵絲自距離底座約3cm處彎摺。

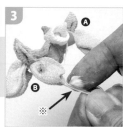

3

在兩根鐵絲的連接位置（※）塗上白膠。

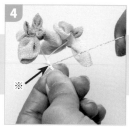

4

於※位置，以繡線捲繞2至3圈後固定（同時沾以白膠捲繞）。

5

決定葉片位置。自距離葉片根部約3.7cm處，摺彎葉片鐵絲。

6

同步驟❹，在葉片連接位置以繡線捲2至3次固定。

7

同步驟❺，將第2片葉片在距離葉片根部約3.7cm處摺彎。

8

同步驟❻，在葉片連接位置以繡線捲2至3次固定。

9

剪去多餘線段。

將繡線塗以白膠，並確實捲繞至尾端固定整體。

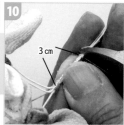

10

預留3cm之後，剪去多餘鐵絲。

11

在與髮簪連接處，塗抹白膠。

12

以整體平衡感來決定固定在髮簪上的位置。

13

確實拉住繡線捲繞，使髮簪和＆朵連接在一起。

14

將繡線捲至看不見鐵絲為止，再將繡線前端塗以白膠貼在髮簪上。

15

將捲線鐵絲整體薄薄地塗上一層白膠補強。

16

以平口鉗調整花朵＆葉片角度。

17

菖蒲髮簪完成！

● **18B の材料（1件）**
〈布料〉和服布料
　　　布料尺寸＆片數與18A相同
〈底座〉〈裝飾・五金類〉與18A相同
【完成尺寸】與18A相同

*18*B

P.40·*18*

菖蒲髮簪

秋の花朵飾品・1

秋季花朵的色彩真是鮮豔美麗呀！
菊花雖然樣式古典，
但花瓣多層且華麗。
惹人憐愛的雛菊宛若少女，
楓葉則使人觸動寧靜沉穩的秋思。

19
雛菊髮插A
雛菊髮夾B
雛菊水滴夾C
▶P.45

20 A
八重菊花樣
P.46

20 B
八重菊胸針
▶P.46

21
楓葉帶留A・B
▶P.47

雛菊水滴夾

*19*C

● *19*Cの材料（1件）

〈布料〉縮緬布
　（花）2cm四方形×8片
〈花心〉花蕊適量
〈底座〉圓形台座（直徑1.4cm的厚紙）1片
〈裝飾・五金類〉含台座髮夾
【完成尺寸】直徑約2.8cm（花朵部分）

1 捏花 ◆◆◆ 剪開花瓣（圓形應用）

1	2	3	4	5
捏花前，在布片中心薄薄塗上一層漿糊。如此一來，在步驟❸剪開布片時，較不易綻線。	以基本的圓形步驟❶至⓬（▶P.19）作法摺布。	為了使花瓣尾端表現出鋸齒狀，如圖所示以剪刀在兩處剪開。	打開兩處切口，作成鋸齒狀（W字）。	其餘7片作法亦同。調整形狀放在漿糊板上30分鐘以上。

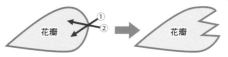
花瓣 → 花瓣

2 準備底座 ▶▶▶ 鋪排

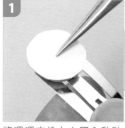  

1	2	3
將嗶嗶夾塗上白膠＆黏貼台座。	以對角鋪排4片花瓣（▶P.13）。	在步驟❸排好的4片花瓣間放上其餘的4片花瓣。

4	5
以剪刀剪下花蕊頭。	一邊注意平衡，一邊沾取白膠貼在花朵中央。

雛菊髮插

製作2朵雛菊作成髮插飾品，點綴出可愛的秋天風味。

*19*A

*19*B

● *19*A・*19*Bの材料（各1件）

〈布料〉*19*A・*19*B和服布料
　（花*19*A）2cm四方形×8片×2朵＝合計16片
　（花*19*B）2cm四方形×8片
〈花心〉花蕊適量
〈底座〉
　*19*A圓形台座（直徑1.4cm的厚紙）2片
　　　鐵絲（#24）9cm×2條
　　　金蔥繡線（DMC Diamant：D415）適量
　*19*B圓形台座（直徑1.4cm的厚紙）1片
〈裝飾・五金類〉
　*19*A・10排髮插／*19*B・含台座髮夾
【完成尺寸】與*19*C相同

雛菊髮插

八重菊花樣

20 A

● **20Aの材料（1件）**
〈布料〉縮緬布
（花）第1段…1.5cm四方形×8片・第2段…2cm四方形×8片
第3段…2.5cm四方形×8片・第4段…2cm四方形×8片
→劍形（▶P.11）
（底座）6.5cm四方形×1片
〈花心〉水鑽（直徑3.8mm）1顆
〈底座〉保麗龍球（直徑3.5cm）・圓形台座（直徑4cm的厚紙）1片
9針（5cm）
【完成尺寸】直徑約5.4cm

1 捏花 ▶▶▶ 準備底座

製作劍形花瓣，放在漿糊板上30分鐘以上備用。 | 將保麗龍球對半切開（P.9），沾以白膠貼在圓形台座中央。 | 翻至背面，取9針沾上白膠貼在正中央 | 塗上白膠，以布片包覆底座整體。9針處，以剪刀將布片剪出開口。 | 塗抹白膠完整貼合布片，並以剪刀修剪多餘布料。

2 鋪排 ▶▶▶ 加上裝飾配件・完成作品

 第1段
 第2段
 第3段

在底座中心鋪排第1段花瓣，以對角排列8片1.5cm花瓣（P.13）。 | 在第1段花瓣間鋪排8片第2段花瓣（2cm）。 | 在第2段花瓣間鋪排8片第3段花瓣（2.5cm）。

 第4段

在第3段花瓣間鋪排8片第4段花瓣（2cm）。 | 將水鑽貼在正中央，完成！可以作為墜飾使用。

P.44 · 20

八重菊胸針

20 B

● **20Bの材料（1件）**
〈布料〉手帕
布料尺寸＆片數與20A共通
〈花心〉珍珠（直徑3mm）3顆
〈底座〉和20A共通
〈裝飾・配件〉2way胸針五金
【完成尺寸】與20A相同

Memo

接續「準備底座」步驟 2，但不放入9針，直接以布片包覆底座，再將2way胸針配件塗白膠黏合＆鋪排花瓣。

楓葉帶留

21

A

B

● *21*の材料（1件）
〈布料〉 A縮緬布・B和服布料
　（大楓葉）2cm四方形×1片・1.5cm四方形×4片
　　　　　1cm四方形×2片→劍形（▶P.11）
　（小楓葉）1.5cm四方形×3片
　　　　　1cm四方形×2片→劍形（▶P.11）
〈底座〉圓形台座（直徑1.2cm＆直徑1cm的厚紙）各1片
〈裝飾・配件〉帶留五金（7mm×3cm）
　　　　　　枝：鐵絲（#24）10cm
　　　　　　金蔥繡線（DMC Diamant：D415）
【完成尺寸】約2×3.3cm（楓葉）

1 準備底座 ▶▶▶ 鋪排

1

將台座貼在帶留五金上，黏貼時中間留一些間隔。

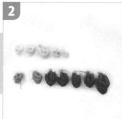

2

將作好的劍形葉片放在漿糊板上30分鐘以上。

3

從2cm的大楓葉開始鋪排。

4

兩側排上1.5cm的葉片。

5

再排上2片1.5cm葉片，作出對稱。

6

再排上最小的1cm葉片，大楓葉完成！

7 1枚め

視第1片楓葉的位置決定楓葉面對的方向。

8

決定小楓葉1.5cm葉片的位置。

9

作法同大楓葉，對稱鋪排葉片。

10

最後放上2片1cm葉片。

2 加上裝飾配件・完成作品

1

備妥捲上繡線的鐵絲（▶P.33），製作樹枝。

2

以平口鉗彎圓鐵絲前端，作出漩渦狀。

3 約1.2cm

依圖所示，將鐵絲摺彎。

4

剪去多餘鐵絲。

5 大　約7mm　約1.2cm

完成大楓葉的樹枝。

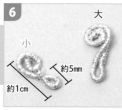

6 大　小　約5mm　約1cm

配合小楓葉尺寸，以相同作法製作樹枝。

7

以樹枝沾取白膠，貼在楓葉中央。

8

在樹枝方向上多下點功夫調整，就能作出生動的氛圍。

9

從背面看去，葉片大多都在台座＆配件上。

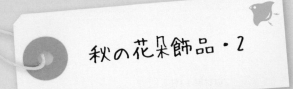

秋の花朵飾品・2

以大型的華麗花朵作成的飾品。
除了應用在髮飾、包包配件，
依設計發想，也能成為美麗的飾品。

22

大理花胸針
A・B ▶P.49

23

複層
八重菊
包包配件
A・B
▶P.50

大理花胸針

22　A

B

● *22の材料*（1件）

〈布料〉 A縮緬布·B手帕
　（花）第1段…2.5cm四方形×6片
　　　　第2段…3cm四方形×12片
　　　　第3段…3cm四方形×12片
　　　　→菱形（▶P.41）
　（底座）5cm四方形×1片
〈花心〉A水鑽（直徑4.8mm）1顆
　　　　B水鑽（直徑3mm）1顆
　　　　菊花台座（直徑5mm）1個
〈底座〉圓形台座（直徑4cm＆直徑3cm的厚紙）2片
〈裝飾·五金類〉2way胸針（3cm）
【完成尺寸】直徑約6cm

---

1 準備底座

1

2

3

4

5　背面

在直徑4cm的圓形台座上塗抹白膠之後，以布片包覆（▶P.12）。

正中央塗上白膠。

將直徑3cm的圓形台座作成約1cm大小的圓錐狀（▶P.16），貼合在步驟2的台座上。

在胸針五金上塗抹白膠，注意可別讓白膠過多溢出喔！

黏合底座＆胸針五金。

---

2 鋪排 ▶▶▶ 加上裝飾配件·完成作品

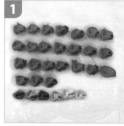
1

2

3

4

5　第1段

將作好的菱形（▶P.41）花瓣放在漿糊板上30分鐘以上。

自底座中心開始，鋪排第1段的花瓣（2.5cm）。

在對角處排放第2片花瓣。

第3、4片花瓣也依對角排放。依六等分圓排列花瓣。

6

7　第2段

8　第3段

9

10

將6片第2段花瓣（3cm），同樣依對角線排在第1段花瓣的雙瓣間。

接著，在第2段花瓣間再排上6片花瓣。

最後在第2段花瓣間排上第3段3cm花瓣＆調整花瓣配置。

水鑽沾白膠貼在花朵中心。

大理花完成！

複層八重菊包包配件

23

A

B

● 23の材料（各1件）
〈布料〉 A縮緬布・B手帕
（花）第1段…1.5cm四方形×8片→劍形（▶P.11）
第2段…2cm四方形（紫色）×8片和1.5cm四方形（白色・淺紫色）×8片
第3段…2.5cm四方形（紫色）×8片和2cm四方形（白色・淺紫色）×8片
第4段…2cm四方形（紫色）×8片和1.5cm四方形（白色・淺紫色）×8片
→第2段至第4段為複層劍形
（底座）6.5cm四方形×1片
〈花心〉 A珍珠（直徑3mm）適量・B水鑽（直徑3.8mm）1個
〈底座〉將保麗龍球（直徑3cm）切成比一半再少一些
圓形台座（直徑3.5cm的厚紙）1片・9針（4cm）2根
〈裝飾・配件〉A串珠（4mm×4顆・6mm×2顆）適量・B串珠（5mm×4顆・6mm
×2顆）・包包五金1條・錬條6cm×1條・9針（2cm）4根・T針
（2cm）2根・C圈（5mm）1個
【完成尺寸】直徑約5.5cm（花朵部分）

1 準備底座

1
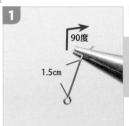
將兩根9針從距頭部1.5cm
處，以平口鉗摺成90度。

2

將彎摺的9針插入高度比切
成一半再少一些的保麗龍
球中。

3
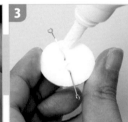
以白膠塗滿底座。

4

貼合台座&保麗龍球。

5

貼合時要放在圓形台座中
央。

6

以八重菊（▶P.46）「準
備底座」步驟4至5的要
領，以布片包覆底座。

2 捏花 ◆◆◆ 複層劍形

1
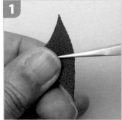
取紫色布片以基本劍形製
作花瓣。首先，將布片對
摺。

2

再繼續對摺。

3
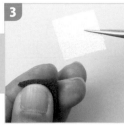
以食指&大拇指夾住步驟
2摺疊的紫色布片&以鑷
子拿取白色布片。

4

以食指&中指夾住白色布
片，對摺。

5
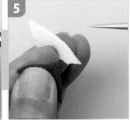
鑷子換位置重新夾取時，
確實以手指將布片壓住。

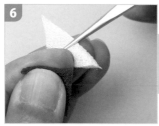

以鑷子沿著布角至布邊的垂直線，夾住白色布片。

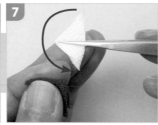

以中指指腹，將布片往前方摺。

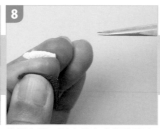

摺好之後，以中指＆食指確實夾住，抽出鑷子。

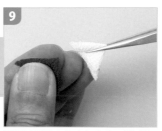

重新以鑷子夾住白色布片，從手指間抽出。

將紫色布片與鑷子夾住的白色布片重疊對合。

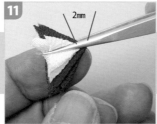

使白色＆紫色布片的布角分開約2mm，以鑷子確實按壓住兩片布。

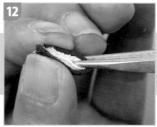

以基本劍形步驟**9**至**14**（▶P.11）的要領，將兩片布一起塑型。

放在漿糊上30分鐘以上。

 鋪排 --------------------------------

在底座中心鋪排8片第1段的1.5cm花瓣。花瓣依八等分圓形，作對角線配置。

在第1段花瓣間，以對角排列8片第2段花瓣。

同樣在第2段花瓣間，以對角排列8片第3段大花瓣。

第4段則排在第3段花瓣空隙間，鋪排其餘的8片小花瓣。

 加上裝飾＆配件五金・完成作品 --------------

以珍珠沾取白膠，在花朵中心貼上3顆珍珠。珍珠數量依自己喜好也OK。

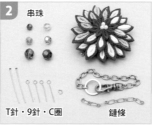

備妥裝飾用的串珠＆配件五金。

以T針穿過最下方的兩顆串珠，其餘的串珠則穿過9針（▶P.9・P.16）。

以平口鉗將串珠相互連接起來。

兩條串珠裝飾完成！

以花朵底座下方的9針，將鍊條吊掛成兩股鍊條。

以平口鉗在鍊條前端鉤接步驟**5**完成的各種串珠裝飾。

以花朵底座上方的9針，接上C圈＆包包五金。

冬の花朵飾品・1

綻放於嚴寒中的山茶花&梅花，
以紅色&黃色的色調令人驚豔著迷。
試著以此為形，
製作出帶有分量感的飾品吧！

梅花香蕉夾
A・B ▶P.53

24

彩球髮簪
A・B
▶P.54

25

26

山茶花墜子
A・B
▶P.56

TO THE KING
EDWARD&SONS,
BUCHANAN ST
GLASGOW

梅花香蕉夾

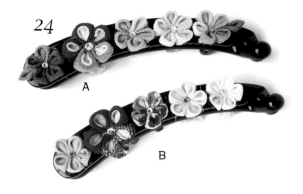

24

A

B

● 24の材料（各1件）

〈布料〉A縮緬布・B和服布料
　（小梅）1.5cm四方形×5片×8朵＝合計40片→圓形（▶P.19）
　（梅花）2cm四方形（外側・紫色）×5片×2朵＝合計10
　　　　 1.5cm四方形（內側・白色）×5片×2朵＝合計10片→複層圓形
　（葉片）1.5cm四方形×4片→劍形（▶P.11）
〈花心〉水鑽（直徑2.5mm）8顆
　　　　水鑽（直徑3mm）2顆
〈底座〉圓形台座（直徑1.2cm的厚紙）10片
〈裝飾・五金類〉香蕉夾（11cm）1個
【完成尺寸】寬約10cm（花朵部分）

1 捏花 ◆◆◆ 複層圓形（梅花）

1 將紫色布片對摺。

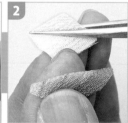

2 以大拇指＆食指壓住紫色布片，再以鑷子將白色布片對摺。

3 以食指＆中指牢牢夾住白色布片。

4 以鑷子夾取白色布片重疊放在紫色布片上，並以大拇指壓住。

5 移動鑷子位置，重新夾穩兩片布片。

6 整體翻至背面，再以鑷子重新夾住。

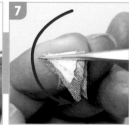

7 將布片往前方對摺。

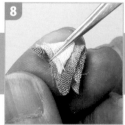

8 以鑷子沿著白色布片的布角＆布邊的垂直線，夾住固定。

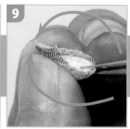

9 將布片兩側由下往上摺，以基本圓形步驟 7 至 12（▶P.19）的要領摺布。

10 放在漿糊上30分鐘以上。

2 鋪排 ▶▶▶ 加上裝飾配件・完成作品

1 在香蕉夾尾端塗抹白膠，貼上台座。

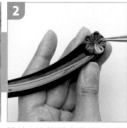

2 排放5片花瓣中的第1朵圓形梅花（▶P.23）。

3 在第1朵花旁，預留3mm左右間隙，貼上第2個底座＆鋪排複層圓形的梅花。

4 其餘的3朵圓形梅花鋪排方式亦同。

5 在花心貼上水鑽之後，排上葉片。待完全乾燥之後，在香蕉夾背面同樣鋪排5朵梅花。

彩球髮簪

25 A

● 25 A・25 Bの材料（各1件）

〈布料〉25A縮緬布・25B和服布料。
　（彩球）1.5cm四方形×96片（第1段・8片／第2至6段・各16片
　　　　　第7段・8片）→圓形（▶P.19）
　（底座）5cm四方形×1片
〈底座〉保麗龍球（直徑2.5cm）・竹籤1根
〈裝飾・五金類〉彩球用…鐵絲（#22）15cm×1根
　　　　　　　　垂穗用…鐵絲（#24）9cm×2根
　　　　　　　　金蔥繡線（DMC Diamant：D415）適量
　　　　　　　　T針（2.5cm）1根・珠珠（直徑5mm）1顆・髮簪五金
　　　　　　　　25A的垂穗…流蘇1條
　　　　　　　　25B的垂穗…螃蟹鉤1個・鍊條10cm・花形琉璃珠1顆
　　　　　　　　珠珠（直徑6mm）1顆・珠珠（直徑5mm）3顆
【完成尺寸】直徑約3.6cm（彩球部分）

1 準備底座

1 在保麗龍球表面塗滿白膠，以布片包覆。

2 將球體＆布片牢固黏接，不要產生空隙。

3 剪去多餘布片，將表面整理平順。

4 找出保麗龍球開孔位置，以錐子將布穿出孔洞（共2處）。

5 以竹籤插入保麗龍球孔洞。確實插入，不要使保麗龍球掉落。

2 鋪排

1 以圓形作出需要的片數（花瓣96片），放在漿糊板上30分鐘以上。

2 在保麗龍球中心，以對角鋪排8片第1段花瓣（▶P.13）。

3 在第1段花瓣上，排上16片第2段花瓣。

4 為了均衡鋪排，以對角方向排列吧！

5 以對角排放完成①至⑧之後，在花瓣間排入其餘的⑨至⑯。

6 將16片第3段花瓣鋪排在第2段的16片花瓣正下方，漂亮地鋪排成列。

7 從第3段側邊看的模樣。每段鋪排完成時，確認直列和橫列是否對齊。

8 表面擴散成美麗的放射狀。

9 以相同作法鋪排第4段的16片花瓣。使直列的顏色一致，就能作出漂亮的成品。

10 排上16片第5段花瓣。鋪排的空間會漸漸狹窄，請慎重＆仔細地來排放吧！

從第6段起,將彩球朝下鋪排。注意不要讓彩球從竹籤上掉下來。

第6段16片花瓣鋪排完成。

第7段空間會更加狹窄,請仔細地調整位置排上8片花瓣。

鋪排完成!

從上方看的模樣。漿糊乾燥後,再將彩球從竹籤上取下。

3 加上裝飾&配件五金・完成作品

依圖所示以平口鉗摺彎鐵絲。

將穿過串珠的T針前段端對摺,與步驟 **2** 的鐵絲鉤在一起,塗上適量的白膠。

以步驟 **3** 的鐵絲穿過保麗龍球的開孔。

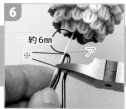

確實拉扯鐵絲,就能將串珠確實卡入彩球正中央。

在距離彩球約6mm處(ア),對合髮簪配件,預留連接需要的長度(※約需1cm)後,剪去多餘鐵絲。

在ア的位置,以平口鉗彎摺鐵絲45度。

另一根鐵絲則彎曲成鑰匙形,作為鉤住垂穗的鐵絲。

鉤接垂穗的鑰匙形鐵絲完成。

在彩球鐵絲&垂穗用鐵絲的接合處塗上白膠

鐵絲一邊塗白膠,一邊以繡線牢牢捲繞固定。

在捲繞固定繡線處,再塗上白膠。

將髮簪配件的髮簪柄與步驟 **12** 的鐵絲用繡線捲繞固定,在繡線適量塗上白膠捲繞。

最後剪斷繡線,將線頭沾點白膠貼上。

將流蘇鉤接在鑰匙型鐵絲上,完成!如果流蘇線太長,可剪短打結。

P.52・**25**

彩球髮簪

25 B

代替流蘇,將串珠垂掛在鍊條上。

55

山茶花墜飾

26

A

B

● 26の材料（各1件）
〈布料〉A縮緬布・B和服布料
　（花）3cm四方形×18片→圓形（▶P.19）
　（葉片）2.5cm四方形×1片→山茶花葉（▶P.63）
　（底座）5cm四方形×1片
〈花心〉花蕊適量
〈底座〉圓形台座（直徑4cm的厚紙）1片
　　　　紙墊1cm四方形×1片
〈裝飾・五金類〉琉璃珠1顆・9針（6cm）1根・墜頭1個
　　　　　　　中國結繩（細）40cm×3條（A）・40cm×6條（B）
　　　　　　　夾具1組・延長鍊1條・釦頭1個・C圈（4mm）1個
【完成尺寸】寬約4.7cm（花朵部分）

1 鋪排

1 以圓形作18片花瓣＆1片山茶花葉片（▶P.63），放在漿糊板上30分鐘以上。

2 將圓形台座塗上白膠，以布片包覆（▶P.9）。接著放上9針＆以白膠貼上墊紙。

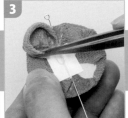

3 將花瓣排在稍微超出底座邊緣的位置，開始鋪排花瓣。

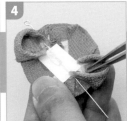

4 以對角線鋪排第2片花瓣。

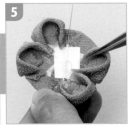

5 鋪排第3片花瓣＆以對角線鋪排第4片花瓣。

6 鋪排第5、6片花瓣，此時要稍微預留排放葉片的空間。

7 將葉片鋪排在步驟6預留的空間處。

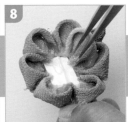

8 鋪排第2段花瓣。排放在第1段花瓣相鄰兩片的位置上方。

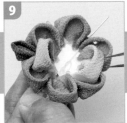

9 第2段也以對角排放花瓣。

10 依序排上第3、4片花瓣。

11 排上第6片後，確認整體比例＆整理出立體鼓起的形狀。

12 鋪排第3段，均衡地配置3片花瓣。考慮到鋪排第4段需要的空間，請將外側排列得擠一些。

13 將第3段排上3片花瓣後，將正中央往下按壓，穩定花瓣作出排放第4段花瓣的空間。

14 最後，在第4段排放3片花瓣。由於不容易鋪排，要慎重地進行作業。

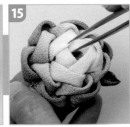

15 調整最後整體形狀。

1 對摺花蕊。

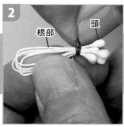

2 在花蕊珠正下方以金屬線綁住固定。

根部　頭

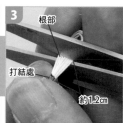

3 自根部起,在距離步驟2打結約1.2cm處剪斷。

根部
打結處
約1.2cm

4 在花朵中心塗上白膠。

5 將花蕊根部插入花朵中心,完成接合。

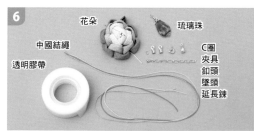

6 花朵完全乾燥後,準備材料作成墜飾。

花朵　琉璃珠
中國結繩
透明膠帶
C圈
夾具
釦頭
墜頭
延長鍊

7 以透明膠帶固定三條中國結繩。

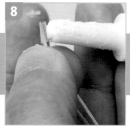

8 在膠帶上塗一層薄薄的白膠。

9 以夾具束住繩子,再以平口鉗夾合。

10 以夾具固定中國結繩兩端。

11 將花朵上方的9針接上墜頭。

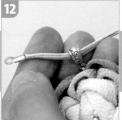

12 將步驟10的繩子穿過墜頭。

13 10以C圈鉤接夾具&延長鍊。

14 以C圈鉤接步驟10相反側的夾具&扣頭。

15 將花朵下方的9針前端彎成環狀。(▶P.9)

16 剪去多餘鐵絲,調整形狀。

17 以C圈鉤接步驟16的環圈&琉璃珠。

18 完成!

P.58・30

山茶花胸針

● 30の材料（各1件）

〈布料〉A縮緬布・B和服布料
（花A）2.5cm四方形×18片→圓形（▶P.19）
（花B）2.5cm四方形×15片→圓形（▶P.19）
（葉片）2.5cm四方形×1片→山茶花葉（▶P.63）
〈花心〉花蕊適量〈底座〉圓形台座（直徑3.2cm的厚紙）
〈裝飾・五金類〉胸針配件（直徑3.5mm）
【完成尺寸】寬約3.5cm
※胸針配件的安裝方法與向日葵胸針（P.41）相同。

30
B
A

冬の花朵飾品・2

白鶴、福梅、山茶花的造型相當適合新年宴席。
依使用巧思不同，也能用來裝飾祝賀的宴席。

27

福梅迷你髮插
A・B ▶P.59

28

白鶴U形髮簪
A・B・C ▶P.60

29 山茶花髮夾
▶P.62

山茶花胸針
A・B ▶P.57

30

福梅迷你髮插

27

A

B

● *27*の材料（各1件）

〈布料〉A縮緬布・B羽二重
　（花）第1段…2.5cm四方形×5片・第2段…2cm四方形×5片
　　　　第3段…1.5cm四方形×5片→圓形（▶P.19）
　（葉片）2cm四方形×1片→劍形（▶P.11）
〈花心〉A珍珠（直徑5mm）1顆
　　　　B水鑽（直徑3mm）1個
〈底座〉圓形台座（直徑1.8cm的厚紙）1片
　　　　鐵絲（#24）9cm×1根→製作有柄台座（▶P.9）
〈裝飾・五金類〉5排髮插
　　　　金蔥繡線（DMC Diamant：D415）適量
【完成尺寸】寬約3.5cm（花朵部分）

1 鋪排

1

2

3

4

5

以圓形作15片花瓣＆以劍形作1片葉片。

在有柄圓形台座（▶P.9）上放5片2.5cm花瓣，並稍微預留一些鋪排葉片的空間。

鋪排葉片。

在步驟 3 的花瓣中，排放第2段花瓣。在第1段＆第2段花瓣間留下些許空隙，會使花形看起來更加漂亮。

以同樣作法，鋪排第3段花瓣。在中央排出小巧收合的模樣，就能做出美麗的作品。

2 加上裝飾＆配件五金・完成作品

1

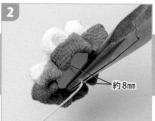

2

約8mm

3

4

約7mm

將珍珠塗上白膠，埋入花朵中心。

在距離底座約8mm處，摺彎鐵絲。

將花朵排放在髮插中心對合看看，再決定剪斷鐵絲的位置。

在距離髮插接合處約7mm左右的位置，剪斷鐵絲。

5

6

7

8

9

在鐵絲＆髮簪相接處塗上白膠。

將鐵絲＆髮簪確實地以繡線捲繞在一起。

一邊塗上白膠，一邊捲繞繡線。

花朵固定完成之後，將繡線剪斷，線頭塗上白膠貼合主體。

完成！圖中是從側邊看去的模樣。

白鶴U型髮簪

28 A

● *28*の材料（各1件）
〈布料〉縮緬布
　（翅膀）2cm四方形×2片・1.5cm四方形×8片→劍形（▶P.11）
　（身體：後）2cm四方形×1片・1.5cm四方形×1片→複層圓形（▶P.53）
　（身體：前）1.5cm四方形×1片→圓形（▶P.19）
　（羽尾）1.5cm四方形×3片→劍形（▶P.11）
〈底座〉台座（短邊1.8cm的等腰直角三角形的厚紙）1片
　　　　鐵絲（#24）9cm×1根
〈裝飾・五金類〉U型髮簪・白鶴：鐵絲（#24）10cm×1根
　　　　　　　金蔥繡線（DMC Diamant：D415）
【完成尺寸】約2.5×3.8cm（白鶴的部分）

1 準備底座

1

在台座預定開孔的位置，以錐子打洞。

2

以有柄台座相同要領（▶P.9），捲繞鐵絲頭穿過台座。

3

將鐵絲前端沾抹白膠，確實貼在台座上。

原寸紙型

開孔位置

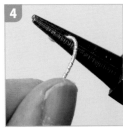

4

以尖嘴鉗將繡線捲繞的鐵絲（▶P.33）彎摺，作出鶴首。

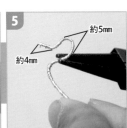

5

約5mm
約4mm

鶴嘴&鶴首完成。

6

以鐵絲的相反端作為與底座相接的部分。為了容易放在底座上，請摺出平坦的形狀。

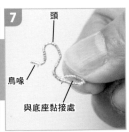

7

頭
鳥喙
與底座黏接處

鶴首完成。

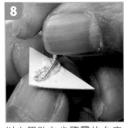

8

以白膠貼在步驟**3**的台座上。

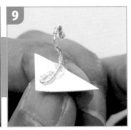

9

底座完成。從斜後方看白鶴的模樣。

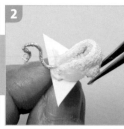

1	2	3	4	5
以複層圓形（▶P.53）&圓形製作身體，以劍形製作翅膀&尾羽，放在漿糊板上30分鐘以上。	將複層圓形的身體，依圖示位置排放（稍微離開脖子的位置）。	將圓形的身體跨排在複層圓形的前端。	鋪排翅膀。將2片1.5cm的翅膀靠放在底座身體的兩側。	接著，鋪排旁邊2cm的翅膀。

6	7	8	9	10
在步驟5翅膀&身體交錯處，排上2片1.5cm的翅膀（※）。	再排上2片1.5cm的翅膀（※）。	以目同方式排上最後2片1.5cm的翅膀（※）。	鋪排3片尾羽。第一片排在正中央，其餘兩片排在兩側。	調整形狀，注意整體感。

3 加上髮簪五金・完成作品

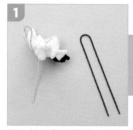
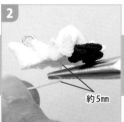
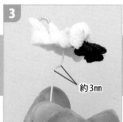

1	2	3	4	5
待白鶴完全乾燥後，接黏在U形髮簪上。	在距離底座約5mm位置，以平口鉗彎摺鐵絲。 約5mm	配合U形髮簪形狀，摺彎鐵絲。 約3mm	剪去多餘鐵絲。 約1cm	在鐵絲&U形髮簪接合處塗上白膠。

6	7	8
對合U形髮簪，彎摺鐵絲。	確實捲繞繡線，將鐵絲&U形髮簪捲繞固定。	完成！

P.58・*28*

白鶴U形髮簪

*28*B

*28*C

● *28*B・*28*C的材料（各1件）
〈布料〉*28*B・*28*C和服布料
　　　　布料尺寸&片數與*28*A相同
〈底座〉〈裝飾・五金類〉與*28*A相同
【完成尺寸】與*28*A相同

山茶花髮夾

29 A

● *29*の材料（各1件）

〈布料〉縮緬布
　（山茶花）2cm四方形×12片×2朵＝合計24片→圓形（▶P.19）
　（山茶花葉片）2cm四方形×2片
　（小花）1.5cm四方形×5片×4朵＝合計20片→圓形（▶P.19）
　（小花葉片）1.5cm四方形×3片→劍形（▶P.11）
　（底座）5cm×11片×1片
〈花心〉珍珠（直徑5mm）2顆
　　　　水鑽（直徑3mm）4顆
〈底座〉塑膠板＝塑膠製底板（厚度約0.7mm）3cm×9.5cm×1片
　　　　（也可以使用2mm厚的法式布盒用紙代替）。
　　　　衛生紙1張・手縫針・手縫線（白色）
〈裝飾・五金類〉髮夾五金（大）
【完成尺寸】約3.5cm×9.5cm

1 準備底座

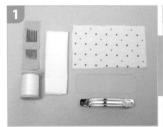

準備材料，製作髮夾底座。

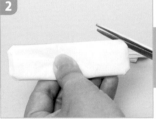

將衛生紙依塑膠板尺寸摺疊＆剪去邊角。

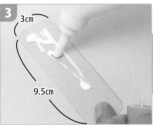

3cm
9.5cm

事先在剪好的塑膠板上塗抹白膠。

貼上步驟**2**作好的衛生紙。

將貼有衛生紙的那面放在布上，塑膠板的背面塗白膠。

以布片包覆塑膠板。黏貼時一邊拉緊布片一邊包貼，不要使布片正面鬆垮。

兩端也塗上白膠，包覆固定。

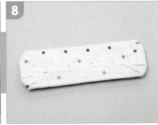

剪去背面多餘布料，底座完成。

將髮夾五金放在步驟**8**上，以鉛筆在底座上輕輕標記髮夾兩端開口位置。

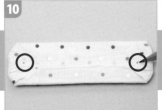

兩端開口記號（紅圈內）。

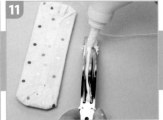

將髮夾五金塗白膠貼在底座上，以針線挑布接縫。

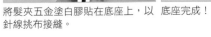

底座完成！

2 捏花 ◆◆◆ 圓形應用（山茶花葉片）

 1
 2 沾抹漿糊的位置
 3
 4
 5

以基本圓形的步驟①至⑫（▶P.19）作法摺布。

在葉片內側的弧度正中央，塗上少量漿糊。

以鑷子前端夾住弧度中心，往外側拉拔。

以鑷子夾住弧度中心，再次以更強的力量拉拔，讓前端呈尖銳狀。

沾上漿糊調整形狀，並放在漿糊板上。

3 加上配件・完成作品

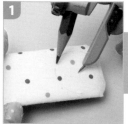 1
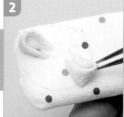 2
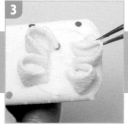 3
 4
 5

以鋪排好的花朵大小為基準，以圓規畫出直徑2cm圓形。

鋪排山茶花的第1段花瓣，將花瓣的第1、2片以對角線排列。

第3、4片也以對角線鋪排。為了方便鋪排，請迴轉底座來作業。

第5、6片也是對角排列，最後將葉片插入花瓣間。

鋪排3片第2段花瓣。

 6
 7
 8
 9
 10

鋪排第3段。參考P.56「山茶花墜飾・鋪排」的步驟⑫至⑮來鋪排第2、3段吧！

在小花的預定位置上畫出直徑1.2cm的圓形作為標記。

鋪排五瓣的紫色小花。並以相同作法決定山茶花位置，標記直徑2cm的圓形記號。

鋪排山茶花＆將其餘三朵小花（粉紅色、水藍色、紫色）也依照相同順序鋪排。

鋪排小花後調整形狀，再在脇邊處排放小葉片。

 11
 12
 13

粉紅色、水藍色、紫色，共三朵小花鋪排完成。

將最後的葉片排在步驟⑧的淺紫色小花脇邊，並注意整體平衡來調整位置＆形狀。

在花心處貼上珍珠＆水鑽，完成！

● 29B的材料（各1件）
〈布料〉和服布料
　（山茶花）2cm四方形×12片×2朵＝合計24片→圓形（▶P.19）
　（山茶花葉片）2cm四方形×2片
　（小花）1.5cm四方形×5片×4朵＝合計20片→圓形（▶P.19）
　（小花葉片）1.5cm四方形×2片→劍形（▶P.11）
　（底座用）5cm×11片×1片
〈花心〉和29A相同　〈底座〉〈裝飾・五金類〉與29A相同
【完成尺寸】與29A相同

山茶花髮夾

29B

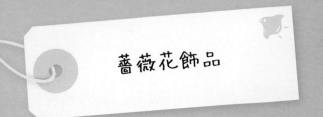

薔薇花飾品

集合了各式各樣的薔薇。
有圓滾滾的可愛款＆大器的豪華款，
請找出自己喜愛的薔薇花來試著作作看吧！

32
玉薔薇戒指
迷你薔薇戒指
A・B・C・D
▶P.68

33
薔薇胸針
▶P.69

34
玉薔薇胸針
A・B
▶P.70

31
薔薇髮插
A・B・C
▶P.66

35
角薔薇帶留
A・B
▶P.71

薔薇髮插

*31*A

*31*B

● *31*A・*31*Bの材料（各1件）
〈布料〉*31*A縮緬布・*31*B和服布料
　　（薔薇）3cm四方形×10片（第1段・5片／第2段・5片）
　　　　　2.5cm四方形×7片（第3段・4片／第4段・3片）
　　　　　→圓形（▶P.19）
　　（葉片）2.5cm四方形×2片→繡球花葉片（▶P.37）
　　（小花）1.5cm四方形×5片×3枝＝合計15片→（▶P.23）
　　（小菊）1.5cm四方形×8片×2枝＝合計16片→（▶P.13）
〈花心〉珍珠（直徑5mm）1顆・水鑽（直徑2.5mm）5個
〈底座〉薔薇…圓形台座（直徑3.3cm的厚紙）1片
　　　　　　　鐵絲（#24）9cm×1根
　　　　　小花・小菊…圓形台座（直徑1.3cm的厚紙）5片
　　　　　　　鐵絲（#24）9cm×5根
〈裝飾・五金類〉15排髮插
　　　　　　　薔薇藤蔓…鐵絲（#24）20cm（▶P.33）
　　　　　　　金蔥繡線（DMC Diamant：D415）
【完成尺寸】約6×7.5cm（花朵部分）

1 鋪排

以圓形作花瓣，放在漿糊板上30分鐘以上。

從漿糊板上拿起1片3cm的薔薇花瓣。

圓形的正面
依圖所示壓扁兩端，作出花瓣形狀。

圓形的正面
以圓形正面作為薔薇花瓣的內側。

圓形的正面
沾上漿糊。

圓形的正面
以圓形的正面作為背面，排在底座上。

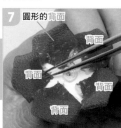
圓形的背面
背面　背面　背面　背面
以五等分圓形配置5片花瓣。

將5片第2段花瓣埋入第1段花瓣間。

以四等分圓形配置第3段的4片花瓣。

以三等分圓形配置第4段的3片花瓣。

2 加上裝飾&髮插五金・完成作品

將珍珠沾上白膠後，放入花朵中心。

將2枝小菊（▶P.19）&3枝小花（▶P.23）鋪排在有柄台座（▶P.9）上，等待晾乾。

彎摺小花台座的鐵絲。

試著在重點薔薇旁配置小花，再決定鐵絲長度。

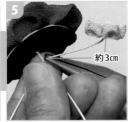
約3cm
決定好鐵絲長度後，以平口鉗彎摺。

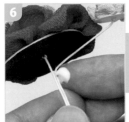
6
在薔薇鐵絲＆小花鐵絲接合處，塗上白膠。

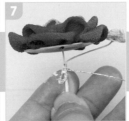
7
以繡線捲繞2至3次固定。

8
配置第2朵小花。

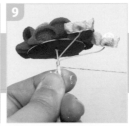
9
以與步驟 **3** 至 **5** 相同順序，以繡線固定第2朵小花。

10
將第3朵小花＆2枝小菊依圖示位置配置＆以繡線固定。

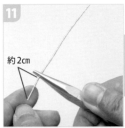
11
約2cm
製作薔薇藤蔓。將以繡線捲繞的鐵絲（P.33）自距離下方約2cm處摺彎。

12
※
以步驟 **11** 完成的約2cm鐵絲（※）作為與花朵鐵絲接合的部分。

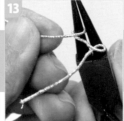
13
適當彎曲鐵絲製作藤蔓，並配合自己的主題進行加工。

14
約1cm
在線段間作出約1cm大小的彎摺來放置葉片。

15
藤蔓繞至一半時，與花朵對合。

16
以繡線將藤蔓＆花朵確實纏繞到下方固定。

17
在花朵正下方彎摺鐵絲作出角度。

18
對合位置，使薔薇花朵置於髮插中心。

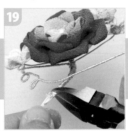
19
剪去超出髮插外多餘的鐵絲。

20
將與髮插接合的鐵絲部分塗上白膠。

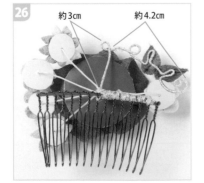
21
以繡線捲繞固定在髮插上。

22
將前端捲繞出藤蔓感。

23
將步驟 **14** 的彎摺線段放在薔薇旁邊。

24
在步驟 **14** 的彎摺線段上排列2片葉片。

25
完成！

P.65・*31*

薔薇髮插

*31*c

26
約3cm　　約4.2cm
從背面看去的模樣。藤蔓的繞法可以參照上圖的感覺，依個人喜好決定。

● *31*Cの材料（各1件）
〈布料〉和服布料
　（薔薇）3cm四方形×10片（第1段・5片／第2段・5片）
　　　　　2.5cm四方形×7片（第3段・4片／第4段・3片）
　　　　　→圓形（P.19）
　（葉片）2.5cm四方形×2片→繡球花葉片（P.37）
〈花心〉珍珠（直徑5mm）1顆
〈底座〉圓形台座（直徑3.3cm的厚紙）1片
　　　　鐵絲（#24）9cm×1根
〈裝飾・五金類〉10排髮插
　　　　　　　薔薇藤蔓：鐵絲（綠色）（#24）20cm
　　　　　　　金蔥繡線（DMC Diamant：D415）
【完成尺寸】約5.5cm（花朵部分）

玉薔薇戒指・迷你薔薇戒指

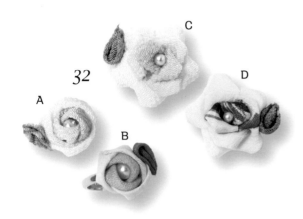

32

A

B

C

D

● *32*の材料（各1件）
〈布料〉A・C縮緬布／B・D和服布料
　（玉薔薇A・Bの花朵）1.5cm四方形×5片→圓形（▶P.19）
　（玉薔薇A・Bの葉片）1.5cm四方形×1片→A劍形（▶P.11）
　　　　　　　　　　　　　　　　　　　　→B繡球花葉片（▶P.37）
　（玉薔薇C・Dの花朵）1.5cm四方形×10片→圓形（▶P.19）
　（玉薔薇C・Dの葉片）1.5cm四方形×1片→繡球花葉片　（P.37）
〈花心〉珍珠（直徑3mm）1顆
〈底座〉圓形台座（直徑1cm的厚紙）1片
〈裝飾・五金類〉含台座戒指
【完成尺寸】（玉薔薇A・B）寬度約1.9cm
　　　　　　　（玉薔薇C・D）寬度約2.8cm

1 準備底座

1
將圓形台座塗上白膠，貼在含台座戒指上。

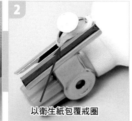

2
以夾子夾住戒圈，等待白膠乾燥。

以衛生紙包覆戒圈

2 鋪排玉薔薇戒指（A・B）

1
將圓形花瓣＆劍形葉片，放在漿糊板上30分鐘以上。

2
將花瓣靠放在圓形台座的圓面上。

3
使花瓣右端重疊相鄰花瓣左端，進行鋪排。

4
外側3片鋪排完成的模樣。

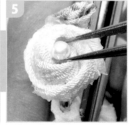

5
以相同作法鋪排內側2片，並排進葉片遮住花瓣重疊處，最後再將珍珠塞入中心。

3 鋪排迷你薔薇戒指（C・D）　▶▶▶　加上裝飾配件・完成作品

1
圓形的背面
依P.66的薔薇第1段作法，鋪排5片第1段花瓣。

2
5片第1段花瓣鋪排完成的模樣。

3
鋪排3片第2段花瓣，塞入花朵中心處，以確保第3段花瓣的空間。

4
鋪排2片第3段花瓣＆調整整體平衡感。

5
將葉片塞入花朵的脇邊，再將珍珠放入中心，完成！

薔薇胸針

33

● 33 の材料（1件）

〈布料〉縮緬布
　（薔薇）3cm四方形×10片（第1段・5片／第2段・5片）
　　　　2.5cm四方形×7片（第3段・4片／第4段・3片）
　　　　→圓形（▶P.19）
　（葉片）2.5cm四方形×2片→繡球花葉片（▶P.37）
　（底座）5.5cm四方形×1片
〈花心〉珍珠（直徑5mm）1顆
〈底座〉保麗龍球（直徑3.5cm）1顆
〈裝飾・五金類〉2way鴨嘴夾（直徑3cm）
　　　　　　藤蔓…鐵絲（綠色）（#24）20cm×1根
【完成尺寸】約5×6cm（花朵部分）

準備底座

1
從保麗龍球剪下厚度4mm左右的圓板。

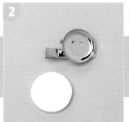
2
備妥備胸針五金。

3
將保麗龍圓板塗上白膠，以布片包覆。

4
以白膠貼合2way鴨嘴夾&布片。

5
黏接固定。在白膠開始乾燥前，暫時以手壓緊。

加上裝飾配件・完成作品

1
以鐵絲製作藤蔓。

2
以尖嘴鉗將鐵絲前端捲繞3圈。

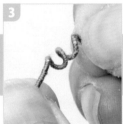
3
以手指拉長。

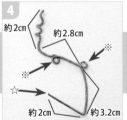
4
製作兩個放置葉片的圈圈（※）&預留插入保麗龍的2cm線段之後，再剪去多餘部分。

5
以錐子將要插入藤蔓的位置作出開口。

6
將步驟4☆前端塗上白膠，插入步驟5作出的開口（★）。

7
將藤蔓接合在底座上。

8
參見P.66順序，鋪排薔薇。

9
將葉片排在步驟4作出的圈圈上，完成！

10
從背面看去的模樣。

玉薔薇胸針

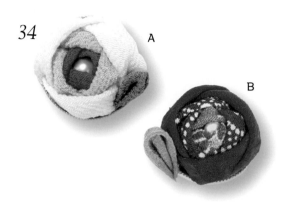

34

A

B

● *34*の材料（各1件）

〈布料〉A縮緬布・B和服布料
　（花朵）2.5cm四方形×3片（第1段）
　　　　　2cmn四方形×3片（第2段）
　　　　　1.5cm四方形×3片（第3段）
　　　　　→圓形（ ▶P.19）
　（葉片）2cm四方形×1片→A劍形（ ▶P.11）
　　　　　　　　　　　　　→B繡球花葉片（ ▶P.37）
〈花心〉珍珠（直徑5mm）
〈底座〉圓形台座（直徑1.8cm的厚紙）1片
〈裝飾・五金類〉胸針五金（直徑2cm）
【完成尺寸】寬度3cm

1 準備底座 ▶▶▶ 鋪排 ▶▶▶ 加上裝飾・完成作品

1 在胸針五金上塗抹白膠＆黏貼圓形台座。

2 以圓形製作花瓣，以劍形製作葉片，並放在漿糊板上30分鐘以上。

3 沿著胸針邊緣繞一圈，鋪排3片第1段的花瓣（2.5cm）。

4 花瓣互相重疊，將胸針包覆成圓形。

5 以相同方式鋪排3片第2段花瓣（2cm）。

6 調整花瓣形狀，確保第3段花瓣鋪排的空間。

7 鋪排3片第3段花瓣（1.5cm）。

8 調整整體形狀＆平衡感。

9 在花瓣重疊處鋪排上葉片。

10 在花朵中心放入沾上白膠的珍珠，完成！

角薔薇帶留

35

A

B

● 35の材料（各1件）
〈布料〉A縮緬布・B和服布料
　（花朵）2.5cm四方形×5片（第1段）
　　　　　1.5cmn四方形×7片（第2段・4片／第3段・3片）
　　　　　→劍形（▶P.11）
　（葉片）2cm四方形×1片→A劍形（▶P.11）
　　　　　　　　　　　　→B繡球花葉片（▶P.27）
〈花心〉花蕊（適量）
〈底座〉圓形台座（直徑2cm的厚紙）1片
〈裝飾・五金類〉帶留五金（7mm×3cm）
【完成尺寸】約2.5×3.3cm

準備底座 ▶▶▶ 鋪排 ▶▶▶ 加上裝飾・完成作品

1 將圓形台座塗上白膠，黏貼於帶留五金中心處。

2 將劍形花瓣＆葉片放在漿糊板上30分鐘以上。

3 第1段，從外側的大花瓣開始鋪排。鋪排時請保持三角形開口。

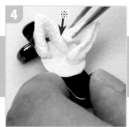

4 鋪排第2片花瓣時，將花瓣右側前端排在第1片花瓣左側前端外側（※），其餘花瓣作法亦同。

5 依五等分圓形的配置鋪排5片花瓣，並以鑷子調整花瓣位置。

6 在第1段花瓣的重疊處上，鋪排第2段花瓣。

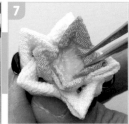

7 依四等分圓形的配置，鋪排4片第2段花瓣。

8 大略平均地鋪排3片第3段花瓣。

9 依整體感調整形狀。

10 將葉片排在最外側。

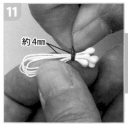

約4mm

11 將花蕊對摺之後，以鐵絲綁起＆預留約4mm。

12 將花蕊沾上白膠埋入花朵中心，完成！

13 從背面看去的模樣。

穿過綁帶試試看！

應用款飾品・1
七五三髮簪

搭配七五三的裝扮，要不要挑戰看看手作髮簪呢？
雖然乍看之下似乎很複雜，但只是基本款的圓形花朵、
劍形蝴蝶、三片葉等簡單造型的合體而已。
不接垂穗，以用顏色沉穩的布料捏出花形，
也能作成人使用的髮簪唷！

36 ▶P.73

37 ▶P.75

七五三髮簪・準備篇

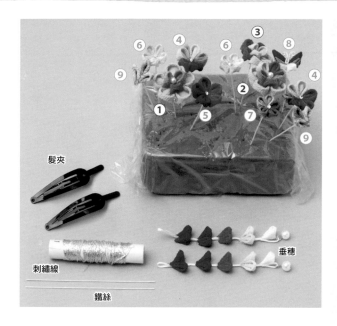

髮夾

刺繡線

鐵絲

● *36* の材料（A・B各1件）

〈布料〉縮緬布
① （大梅A）2.5cm四方形×5片2cm四方形×3片→（▶P.25）
② （大梅B）2.5cm四方形×5片2cm四方形×5片→（▶P.25）
③ （中梅）2cm四方形×5片・1.5cm四方形×3片→（▶P.25）
④ （中花Aの花）2cm四方形×5片×2枝＝合計10片（▶P.23・27）
　 （中花Aの葉）2cm四方形×2片→劍形（▶P.11）
⑤ （中花Bの花）2cm四方形×5片→（▶P.23）
⑥ （小花A）1.5cm四方形（水藍）×5片×2枝＝合計10片（▶P.23）
⑦ （小花B）1.5cm四方形（紫色）×5片→（▶P.23）
⑧ （蝴蝶）2cm四方形×2片・1.5cm四方形×4片→（▶P.32）
⑨ （三片葉）2cm四方形×3片×2枝＝合計6片→（▶P.77）
　 （垂穗）2cm四方形×9片×2枝份＝合計18片
〈花心・裝飾〉
①②③珍珠（直徑3mm）各1顆・④⑤水鑽（直徑3cm）3個
⑥⑦水鑽（直徑2.5cm）3個・⑧鐵絲（#24）5cm×1根・金蔥繡線
（DMC Diamant：D415）
〈垂穗〉珍珠（直徑5mm）2顆・中國結繩（粗）20cm×2條
〈垂穗勾環〉鐵絲（#24）9cm×2根
〈底座〉圓形台座（①②直徑1.8cm・③④⑤直徑1.6cm・⑥⑦直徑
1.2cm・⑧直徑1.4cm的厚紙）・⑨底座（1cm正三角形的厚紙）・
鐵絲（#24）9cm×12根
〈配件五金〉髮夾2組・金蔥刺繡線（DMC Diamant：D415）
【完成尺寸】A髮簪（約4×6cm）・B髮簪（約7×13.8cm）

鋪排完成の花朵模樣 ※鋪排在有柄台座（▶P.9）上（除垂穗外）。

① 大梅 A=1枝 ▶P.25　② 大梅B=1枝 ▶P.25　③ 中梅=1枝 ▶P.25　④ 中花A=2枝 ▶P.23・P.27　⑤ 中花B=1枝 ▶P.23　⑥ 小花 A=2枝 ▶P.23　⑦ 小花B=1枝 ▶P.23　⑧ 蝴蝶=1枝 ▶P.33　⑨ 三片葉=2枝 ▶P.77

1 製作垂穗

1 在影印紙上以1.8cm間隔畫五條引線（垂穗的段數），再將畫好的紙張放入透明夾中。

2 在中國結繩前端塗上白膠。

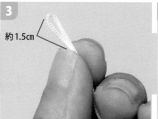

約1.5cm

3 回摺成圈，將線接黏起來。

4 以圓形捏出18片花瓣，放在漿糊板上30分鐘以上。

5 將步驟3的中國結繩對合步驟1的引線，將2片垂穗鋪排在線上。

6

第1段	2片
第2段	2片
第3段	2片
第4段	2片
第5段	1片

至第4段為止，1段鋪排2片。第5段只排1片在中國結繩上。

7 完全乾燥之後，輕輕與透明夾分開，在第5段下方穿過珍珠＆以白膠接黏繩子。

8 共製作2條，垂穗完成！

七五三髮簪・組合篇

A

B

 組合髮簪A

以大梅A為中心，決定中花A的位置。

彎摺中花A的鐵絲。

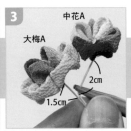
將中花A的鐵絲從距離底座2cm處摺彎，與大梅A對合。

在大梅A＆中花A的鐵絲連接處塗上白膠。

一邊塗白膠，一邊以繡線捲繞2至3圈，固定大梅A＆中花A。

同步驟3，將中花B在距離底座約2cm處摺彎，配置在大梅A上方，並以繡線捲繞固定。

小花A也在距離底座約2cm處摺彎，配置在中花B下方，以繡線捲繞固定。

三片葉也在距離底座約2cm處摺彎，配置在中花A上方，以繡線捲繞固定。

將鐵絲塗上白膠直至尾端，同時捲繞繡線固定整體。最後將繡線剪斷，線尾以白膠沾黏固定。

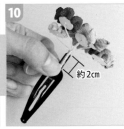
配合髮夾長度，將連接部分的鐵絲剪去2cm。

將與髮夾連接處塗上白膠黏貼。

確實拉緊繡線捲繞，連接髮夾＆花朵。

捲繞時再邊塗上白膠，以繡線纏繞至看不見鐵絲為止。

將髮夾配件的相反方向也一樣摺彎＆固定。

以平口鉗將鐵絲向上摺約45度左右，立起花朵。

以大梅B為中心，決定中梅的放置位置之後，摺彎中梅的鐵絲。

將中梅鐵絲在距離底座2cm處摺彎，塗上白膠＆以繡線捲繞固定。

將中花A在距離底座約2cm處摺彎，配置在大梅A上方，以繡線捲繞固定。

水藍色小花A＆紫色小花B也在距離底座約2cm處摺彎，依圖所示配置固定。

蝴蝶也在距離底座約2cm處摺彎，放在紫色小花＆中花間的空隙中固定。

將三片葉從距離底座2cm處摺彎，插入小花B脇邊固定。

製作接掛垂穗的鉤環。將兩條鐵絲前端對齊，以尖嘴鉗彎出圓圈。

將圓圈反過來，調整作出鑰匙形狀。

作成如圖示一般，鉤環完成。

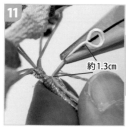

在大梅A下方接上鉤環。

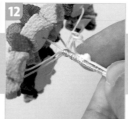

依照片位置，以平口鉗將鐵絲摺彎。

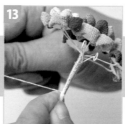

在鉤環＆主體連接處塗上白膠。

一塗白膠一邊捲繞繡線，固定鉤環＆主體。

繡線捲繞至末端後剪線，將線尾沾黏白膠貼上。

以髮簪A要領裝上髮夾。

扳開鉤環圈，掛上垂穗。

閉闔鉤環圈，以整體平衡感調整垂穗位置。

P.72・*37*

七五三髮簪

● *37*の材料（A・B各1件）
〈布料〉和服質地布料
　　　　布料尺寸＆片數與*36*相同
〈垂穗〉金屬珠（直徑5mm）2顆
　　　　中國結繩（粗）20cm×2條
〈花心〉〈垂穗鉤環〉〈底座〉〈配件〉與*36*相同
【完成尺寸】與*36*相同

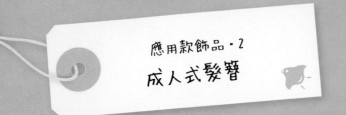

應用款飾品・2
成人式髮簪

在成人式&結婚典禮等特殊節慶時使用的簪子。
若以縫製振袖剩餘的布料製作，
就能完成與和服搭配成套的髮簪飾品。

38 ▶P.77

39 ▶P.79

成人式髮簪・準備篇

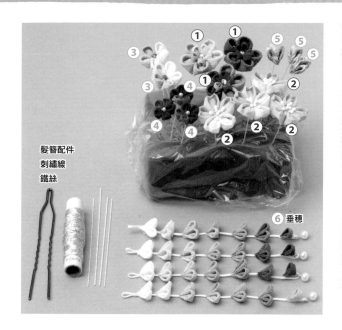

髮簪配件
刺繡線
鐵絲

⑥ 垂穗

● *38*の材料（1件）
〈布料〉縮緬布。
　①（福梅）2.5cm四方形（第1段）×5片×3枝＝合計15片
　　　　　　 1.5cm四方形（第2段）×5片×3枝＝合計15片
　②（櫻花）2.5cm四方形×5片×4枝＝合計20片→（▶P.31）
　③（中花）2cm四方形×5片×2枝＝合計10片→（▶P.23）
　④（小花）1.5cm四方形×5片×3枝＝合計15片→（▶P.23）
　⑤（三片葉）2cm四方形×3片×3枝＝合計9片
　⑥（垂穗）2cm四方形×13片×4枝＝合計52片→（▶P.73）
〈花心〉①水鑽（直徑3.8cm）3個・②花心適量
　　　　③水鑽（直徑3.8cm）2個・⑤珍珠（直徑3cm）3個
〈垂穗〉珍珠（直徑6mm）4顆・中國結繩（粗）20cm×4條
〈垂穗鉤環〉鐵絲（#24）9cm×4根
〈底座〉圓形台座（①直徑1.8cm・②直徑1.6cm・③直徑1.4cm
　　　　④直徑1.2cm的厚紙）・⑤底座（1cm三角形厚紙）&
　　　　鐵絲（#24）9cm×15根
〈配件〉髮簪配件・金蔥刺繡線（DMC Diamant：D415）
【完成尺寸】約10×21.8cm

鋪排完成の花朵模様 ※鋪排在有柄台座（▶P.9）上（除垂穗外）。

    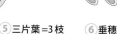 

①福梅＝3枝　②櫻花＝4枝　③中花＝2枝　④小花＝3枝　⑤三片葉＝3枝　⑥垂穗＝4枝
　　　　　　　　▶P.31　　　　▶P.23　　　　▶P.23

珍珠

⑥垂穗＝4枝
在中國結繩上，到第6段為止1段鋪排2片，
第7段鋪排1片（▶P.73）。
並在垂穗尾端加上珍珠。

1　福梅の作法

1 在有柄台座上（▶P.9）以圓形製作5片花瓣鋪排。

2 在步驟**1**上鋪排第2段的花瓣。

3 水鑽沾白膠貼在花朵中心。

2　三片葉の作法

1 作法同白鶴U型髮簪底座（▶P.60），製作約1cm的三角形底座。

2 配合底座的三角形邊，取2片葉片鋪排成V字形。

3 在2片葉片後方鋪上第3片葉片。

4 三片葉完成！

▶ 原寸紙型

開孔位置

成人式髮簪·組合篇

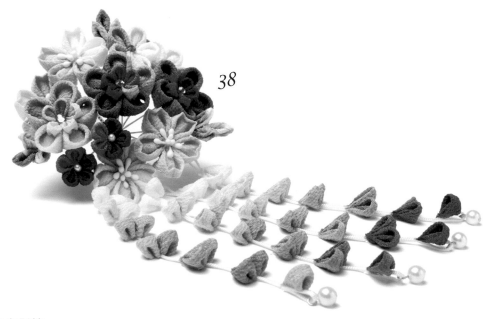

38

1 組合髮簪

1
在福梅的鐵絲上，自距離底座3cm處以鉛筆畫上淺淺的記號。

2
在標記的位置摺彎。

3
將3枝福梅同樣摺彎，橫排成1列。

4
將鐵絲沾上白膠後，以繡線捲繞數次固定。

5
在福梅的上下方配置4枝櫻花。

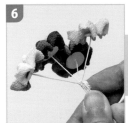
6
先取1枝鐵絲沾上白膠，以繡線固定。

7
第2枝也用相同作法固定。

8
將第3枝櫻花配置在相反方向後固定。

9
配置第4枝櫻花，以線固定。

10
將整體作出圓形，在空隙間插入第1朵中花。

11
再將另一朵中花插進旁邊。

12
在相反方向插入2枝小花。

13
以整體的平衡感來決定第3枝小花的位置。

14
最後，在花朵間隙插入3枝三片葉，請考慮平衡感來配置位置吧！

15
沾上白膠後，將所有鐵絲以繡線確實捲繞固定。

1
製作垂穗鉤環（▶P.75）。將4根鐵絲整理在一起，以圓嘴鉗彎出圓形。

2
配合花枝長度，決定鉤環長度。

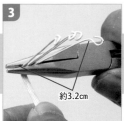

3
決定鉤環長度（示範約3.2cm），再以平口鉗摺彎鐵絲。

約3.2cm

4
以繡線將4根沾上白膠的鉤環與主體捲繞固定。

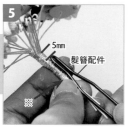

5
將髮簪五金放在距離主體鐵絲5cm處。

5mm
髮簪配件

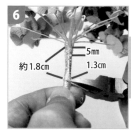

6
在步驟**5**的※位置，以斜剪鉗剪斷鐵絲。（距離主體根部約1.8cm）

5mm
約1.8cm　1.3cm

7
鐵絲沾上白膠，靠上髮簪前端＆以繡線捲繞固定。

8
捲繞完成的模樣。

9
捲完後剪線，並將線尾沾上白膠貼在主體鐵絲上。

10
以平口鉗將鐵絲摺彎45度，立起花朵。

11
調整花朵＆鉤環的位置。

12
除了從正面確認，也從旁邊確認角度吧！

13
準備垂穗（▶P.73）。

14
將垂穗裝在鉤環的前端。

15
將鉤環的圓收合，注意整體平衡感＆調整垂穗的位置。

P.76・*39*

成人式髮簪

● *39*の材料（1件）
〈布料〉羽二重
①（福梅）2.5cm四方形（第1段）×10片（複層圓形）×3枝＝合計30片
　　　　1.5cm四方形（第2段）×5片×3枝＝合計15片→（▶P.77）
②（櫻花）與38共通→（▶P.31）
③（中花）2cm四方形×（以綠色5片・白色5片做複層圓形）×2枝＝合計20片→（▶P.23）
④（小花）與38共通→（▶P.23）
⑤（三片葉）2cm四方形×（以藍色3片・綠色3片做複層劍形）×3枝＝合計18片→（▶P.77）
⑥（垂穗）與38共通→（▶P.73）
〈花心〉
①水鑽（直徑3.8cm）3個・②花心適量
③水鑽（直徑3.8cm）3個
④水鑽（直徑3cm）3個
〈垂穗〉
淡水珍珠・米粒狀（5×7mm）4顆
中國結繩（粗）20cm×4條
〈垂穗鉤環〉〈底座〉〈配件〉與38相同
【完成尺寸】與38相同

39

福清の作品小展場

最後，在此一覽介紹作者喜愛的布花作品。雖然希望能在日常生活中更常使用和風布花，但以宴會等活動為目的來製作時更是動力加倍呢！請一定要將日常生活中使用的飾品，重點裝飾上和風布花試試看唷！

搭配朋友的結婚禮服色彩製作的髮飾＆串連施華洛世奇珠與小花的項鍊。

以薔薇＆小花為裝飾的法式布盒多層收納盒，為化妝檯增添了美麗的色彩。

加入垂櫻＆為了流蘇的櫻枝造型髮簪，是以裝飾窗簾流蘇而作的花朵為素材，改製而成的髮簪。

收到「想要搭配成人式振袖」的委託而完成的髮簪組合，是一件別緻華麗的作品。

【輕・布作】24

簡單✕好作
初學35枚和風布花設計（暢銷版）

作　　　者／福清
譯　　　者／莊琇雲
發　行　人／詹慶和
選　書　人／Eliza Elegant Zeal
執　行　編　輯／陳姿伶
編　　　輯／蔡毓玲・劉蕙寧・黃璟安・陳昕儀
封　面　設　計／李盈儀・韓欣恬
美　術　編　輯／陳麗娜・周盈汝
內　頁　排　版／造極
出　　版　者／Elegant-Boutique 新手作
發　　行　者／悅智文化事業有限公司
郵政劃撥帳號／19452608
戶　　　名／悅智文化事業有限公司
地　　　址／220 新北市板橋區板新路 206 號 3 樓
電　　　話／(02)8952-4078
傳　　　真／(02)8952-4084
網　　　址／www.elegantbooks.com.tw
電　子　信　箱／elegant.books@msa.hinet.net

2014 年 7 月初版一刷
2020 年 4 月二版一刷　定價 280 元

Lady Boutique Series No.3635
Hajimete no Tsumami Zaiku
Copyright © 2013 Boutique-sha, Inc.
All rights reserved.
Original Japanese edition published in Japan by BOUTIQUE-SHA.
Chinese（in complex character）translation rights arranged with
BOUTIQUE-SHA
through KEIO CULTURAL ENTERPRISE CO., LTD.

經銷／易可數位行銷股份有限公司
地址／新北市新店區寶橋路 235 巷 6 弄 3 號 5 樓
電話／(02)8911-0825　傳真／(02)8911-0801

國家圖書館出版品預行編目資料

簡單 x 好作：初學 35 枚和風布花設計 / 福清著
; 莊琇雲譯 . -- 二版 . -- 新北市：新手作出版：
悅智文化發行 , 2020.04
　　面；　公分 . -- (輕 . 布作 ; 24)
ISBN 978-957-9623-50-6(平裝)

1. 花飾 2. 手工藝

426.77　　　　　　　　　　　　　109003726

STAFF

編輯・排版　　アトリエ. ジャム
　　　　　　　（http://www.a-jam.com/）
攝影　　　　　谷津榮紀
造型　　　　　大島有華
插圖　　　　　原惠美子

輕・布作 24

簡單×好作
初學35枚和風布花設計
（暢銷版）
福清◎著
定價280元

輕・布作 25

從基本款開始學作61款手作包
自己輕鬆作簡單&可愛的收納包
（暢銷版）
BOUTIQUE-SHA◎授權
定價280元

輕・布作 26

製作技巧大破解！
一作就愛上的可愛口金包
日本ヴォーグ社◎授權
定價320元

輕・布作 28

實用滿分・不只是裝可愛！
肩背&手提ok的大容量口
金包手作提案30選（暢銷
版）
BOUTIQUE-SHA◎授權
定價320元

輕・布作 29

超圖解！
個性&設計感十足的94枚
可愛布作徽章×別針×胸花
×小物
BOUTIQUE-SHA◎授權
定價280元

輕・布作 30

簡單・可愛・超開心手作！
袖珍包兒×雜貨的迷你布
作小世界（暢銷版）
BOUTIQUE-SHA◎授權
定價280元

輕・布作 31

BAG & POUCH・新手簡單作！
一次學會25件可愛布包&
波奇小物包
日本ヴォーグ社◎授權
定價300元

輕・布作 32

簡單才是經典！
自己作35款開心背著走的手
作布
BOUTIQUE-SHA◎授權
定價280元

輕・布作 33

Free Style！
手作39款可動式收納包
看波奇包秒變小腰包、包中包、小提包、
斜背包……方便又可愛！
BOUTIQUE-SHA◎授權
定價280元

輕・布作 34

實用度最高！
設計感滿點的手作波奇包
日本VOGUE社◎授權
定價350元

輕・布作 35

妙用墊肩作的
37個軟Q波奇包
2片墊肩→1個包，最簡便的防撞設
計！化妝包・3C包最佳選擇！
BOUTIQUE-SHA◎授權
定價280元

輕・布作 36

非玩「布」可！挑喜歡的
布，作自己的包
60個簡單&實用的基本款人氣包&布
小物，開始學布作的60個新手練習
本橋よしえ◎著
定價320元

輕・布作 37

NINA娃娃的服裝設計80+
獻給娃媽們～享受換裝、造型、扮演
故事的手作遊戲
HOBBYRA HOBBYRE◎著
定價380元

輕・布作 38

輕便出門剛剛好的人氣斜
背包
BOUTIQUE-SHA◎授權
定價280元

輕・布作 39

這個包不一樣！幾何圖形玩創意
超有個性的手作包27選
日本ヴォーグ社◎授權
定價320元

輕・布作 40

和風布花の手作時光
從基礎開始學作和風布花的
32件美麗飾品
かくた まさこ◎著
定價320元

輕・布作 41

玩創意！自己動手作
可愛又實用的
71款生活感布小物
BOUTIQUE-SHA◎授權
定價320元

輕・布作 42

每日的後背包
BOUTIQUE-SHA◎授權
定價320元

輕・布作 43

手縫可愛の繪本風布娃娃
33個給你最溫柔陪伴的布娃兒
BOUTIQUE-SHA◎授權
定價350元

輕・布作 44

手作系女孩の
小清新布花飾品設計
BOUTIQUE-SHA◎授權
定價320元

輕・布作 45

花系女子の
和風布花飾品設計
かわらしや◎著
定價320元

輕・布作 46

簡單直裁の
43堂布作設計課
新手ok！快速完成！超實用布小物！
BOUTIQUE-SHA◎授權
定價320元